国谷裕子
Hiroko Kuniya

キャスターという仕事

岩波新書
1636

目次

第1章

ハルバースタムの警告

スクープ930

私の手元に、一九九三年二月一日の日付を持つ、一つの文書がある。文責は、特報2部930準備室、文書のタイトルは、平成五年度新番組「スクープ930(仮)」。表紙には、「ニュース番組と大型番組の中間に位置し、取材者・制作者の視点を重視した情報企画番組」「視聴者の「今、より深く知りたい」という欲求・関心に応えていく」とある。文書のなかに書かれた演出の項には、「全体の完成度や作品性にこだわらず、スタジオをベースに素材と情報の勢いを大事にした演出・構成を基本とする」とあり、そして「月〜木を通して、一人のキャスター(人選中)が一つのスタジオから伝えていく」、と書かれている。

この日から二カ月後の四月五日、夜の九時三〇分から、NHKの新番組〈クローズアップ現代〉は放送を始めた。月曜日から木曜までの週四本。毎回スクープを出し続けることは不可能なためかどうかは知らないが、タイトルは変更になっていた。とはいえ、この新番組は、準備文書にうたわれていたように、「今、深く知りたい」という視聴者のニーズに応えるべく、「今を映す鏡でありたい」という制作者たちの熱い思いを込めて開始された。

第一回の放送は「ロシア・危機の構図」。その放送は、私の次のコメントから始まった。

四月からの新番組、クローズアップ現代。この番組では毎週月曜日から木曜日まで、世の中の関心事に真正面から取り組み、掘り下げてお伝えしていきます。

二三年経った今、あらためてこのコメントを聞き、「真正面から」という言葉から、この番組の制作を担っていく人々の、そしてキャスターを担当することになった私の、強い意気込みが伝わってくる。「真正面から取り組む」と、まさに真正面から言うことから始める番組は珍しいのではないだろうか。この日から二三年間、放送本数にして三七八四本の〈クローズアップ現代〉が放送されていくことになった。

番組が始まった当初は、二年もてばいいかなと当時の編集責任者から言われていた。よもや二三年間も続く番組になろうとは、誰も思っていなかったに違いない。このことを端的に示す、一つのエピソードがある。

番組がスタートして五年半経った一九九八年一一月一八日、放送が一〇〇〇本目を迎えた。番組は「見ましたか流星群〜世紀の天体ショーに大接近」。番組としては初めてヴァーチャル映像を使い、スタジオ全体を宇宙空間に見たてた当時としては斬新な放送だった。放送終了後、ささやかな宴をNHK内の会議室で行ったときに、若いスタッフが小さなクス玉を用意してくれていた。クス玉は会の最後に私によって割られ、そこから出てきた小さな垂れ幕には、「目指せ二〇〇〇本」と書かれてあった。この集まりに参加していたほとんどの人が、それを見て大笑いをした。二〇〇〇本なんて、誰もそんなに続くとは思っていなかったからだ。

ところが、そのときからでも一七年間番組は続き、「目標二〇〇〇本」をはるかに超えることになった。二〇〇〇年四月からは、それまでの夜九時半の放送が七時半台に変わり、放送時間は当初の二九分から二六分と三分短くなったものの、スタートから二三年間、一貫して、番組の狙い、構成、そしてキャスターは変わることはなかった。

目まぐるしく変化するテレビ界では、これはかなり珍しいことだった。民放の番組関係者からは、〈クローズアップ現代〉のように毎日一つのテーマで三〇分近くも放送できる枠をゴールデンアワーに維持できているなんて羨ましいかぎりですと、よく言われたものだった。「〈クローズアップ現代〉は、世の中の移り変わりをしっかりと見詰めている定点観測所のようなものです。なにか安心を与えてくれます」と評してくれた番組ゲストがいたことを思い出す。

ニュースとＮＨＫスペシャルとの間で

そもそも〈クローズアップ現代〉が編成・制作されることになったのは、この年（一九九三年）、ＮＨＫ総合テレビのニュース時間帯に大きな見直しがあったことに端を発している。総合テレビの夜の番組編成は、一九七四年、夜九時から四〇分枠のニュース番組〈ニュースセンター９時〉が、磯村尚徳キャスターによってスタートして以来、二〇年もの間、大きな変動はないまま続いていた。午後七時から三〇分間の〈７時のニュース〉と、午後九時からの〈ニュースセンター９時〉、その後継番組である〈ニューストゥデー〉〈ニュース21〉という、のちに一時間に拡大されたニュース番組が軸となって編成されていた。

その番組編成が、一九九三年から大きく変わることになった。それまでの二〇年間とは逆に、〈７時のニュース〉を一時間のワイドニュースに拡大し、午後九時からのニュース番組を三〇分間の〈ニュース９〉に短縮することになったのだ。

その結果、新たな番組の開発が必要になった。それまで夜九時台のニュース番組は、その日一日の主要ニュースを伝えると同時に、ディレクターからの提案や広範な記者の取材力を生かした、企画性が高くテーマ性も強い、「特集」をしばしば放送していた。時間短縮のなかでその「特集」を視聴者に提供する場が失われることになる。新たに一時間番組となる〈ニュース

7〉はあくまで、その日のニュースを中心とする番組であり、「特集」が入る余地はない。「特集」の受け皿となる新たな番組が必要とされた。そこで計画されたのが、「スクープ930（仮）」だった。そして、これが〈クローズアップ現代〉として結実することになったのだ。こうした経緯もあって、〈クローズアップ現代〉は、企画性とテーマ性の高い報道番組としてスタートすることになった。

ＮＨＫのテレビ報道の流れには、夜七時のニュースに代表されるいわゆる「定時ニュース」や〈ニュースセンター9時〉などの「ニュース番組」、その一方に、〈日本の素顔〉から脈々と受け継がれてきたドキュメンタリーや、現在の〈ＮＨＫスペシャル〉へと続く大型報道番組の大きな二つの流れがある。〈クローズアップ現代〉は、この二つの流れの中間的な存在として企画制作された。そして、そうであるがゆえに、新しいものを生み出したいというチャレンジングな精神が、この番組の提案に関わった制作者たちには満ちていた。「今を映す鏡でありたい」という思いとともに、「番組のテーマに聖域は設けない」という決意もあった。

番組のスタートへ向けて、報道局と制作局からパワフルで多彩なディレクターたちが集められていた。

そしてなにより、この番組の特徴は、さきほど紹介した準備文書にあったように、「スタジオをベースに素材と情報の勢いを大事にした演出・構成」とし、「月〜木を通して、一人のキャスターが伝えていく」ことにあった。

しかし私は、この新番組のキャスターを引き受けたとき、そして番組が開始されてしばらくの間は、番組の持つこれらの特徴が、報道番組の歴史のなかでどのような位置を占めるものなのか、まったくわかっていなかった。なぜあえてキャスターとしてスタートするのか。なぜスタジオをベースとするのか。そして、この新番組が、キャスター番組としての私の仕事をどう彩ることになるのか。私はこの番組が、「言葉の力」が求められる番組に、キャスターの役割が重い番組になっていくことになるとは、まったく思いもしなかった。

ハルバースタムの警告

制作者たちが新しい番組に燃え、のちに触れることになるが、私も「リベンジを果たす」という個人的な理由で新たな挑戦に燃えていたとき、折しも、アメリカの一人のジャーナリストが、テレビについて、報道番組のあり方について警告を発していた。

デイビッド・ハルバースタム。ニューヨークタイムズ紙の記者としてベトナム戦争を取材、そのリポートによりピューリッツァー賞を受賞したアメリカの著名なジャーナリストだ。その後もホワイトハウスの権力者たちを描いた『ベスト・アンド・ブライテスト』などの著作で、アメリカのみならず日本でも多くの読者と信頼を得ていた。

NHK放送文化研究所は、一九九三年四月一五日、テレビ放送開始四〇周年を記念して、そのハルバースタムを東京に招き、講演会を開いた。

「問題は、テレビが私たちの知性を高め、私たちをより賢くするものなのか、それとも、派手なアクションを好み、娯楽に適しているというその特性ゆえに、真実を歪めてしまうものなのか、ということなのです」

ハルバースタムはそう語り始めた。国連平和維持軍が派遣されることになったソマリアやボスニア・ヘルツェゴビナの例を引きながら、「テレビというのは、人々を動かす力と真実を伝える力を持つ強力な箱です」と語りかける。そして、ベトナム戦争報道を振り返りながら、「時に、たった一人の記者でも、政府だけが善悪を判断する唯一の審判ではないことを示すことができるのです」とも語る。しかし、ハルバースタムは、こうも指摘するのだ。「ここで重要なのは、テレビが伝える真実は映像であって、言葉ではないということです。テレビが伝える内容は単純で、複雑なことは伝えません。苦痛や飢餓を映し出して世界中に伝えることはできますが、複雑な政治問題や思想、様々な行為の重要性について伝えることはできないのです」。

その理由としてハルバースタムは、テレビでは、話の内容がどんなに大切でも映像のインパクトのほうが優先されること、テレビニュースは移り気なこと、複雑なことを好まず、討論番組は抵抗を受ける、視聴者を退屈させないことが大切などと、テレビの持つネガティブな特性を一つひとつ挙げていく。そして最後に、テレビに携わる人へ向けて、こう問いを投げかけた。

テレビによってより深く国際社会を理解できるようになるのでしょうか。複雑な出来事の説明はされているでしょうか。テレビによって、私たちは世界をより深く理解するというよりも、恐怖心をあおられるのでしょうか。私たちが既に持っている偏見によって違った習慣を持つ人たちを見るのではなく、ありのままの姿を見ることはできるのでしょうか、そうでなければ、私たちが今まで持っている偏見を認めることになってしまいます。視聴者はそれを望んでいます。既存の偏見を認めることは、偏見を取り除くためにより深く考えることよりもはるかに楽だからです。しかし、私たちのようにジャーナリズムに携わる人間は、テレビをいかに賢く使うかを毎日考えるべきなのです。

（「テレビはアメリカ社会をどう変えてきたか～デイビッド・ハルバースタム氏

講演会より」放送研究と調査、一九九三年八月、NHK放送文化研究所より）

テレビメディアがベトナム戦争を終わらせたと評され、アメリカ・ジャーナリズムの黄金期ともいわれた時代から四半世紀を経て、その旗手の一人であったハルバースタムのテレビへの手厳しい警告。いささか長い紹介をあえてしたのは、この講演が行われた今から二三年前の同じ四月に放送を開始した〈クローズアップ現代〉はまさに、ハルバースタムのこの問いかけをどう乗り越えるか試されていくことになった、と私には思えるからだ。

言葉の持つ力

現代は、様々な情報があらゆるメディアから氾濫し、毎日流される膨大な情報が、視聴者に立ち止まることを許さない。人々の考える時間を奪っているとさえ言える。とりわけテレビは、映像の持つ力をフルに生かし、時々刻々と起きていることを即時に伝えることが出来るという点で、他のメディアを圧倒的に凌駕してきた。しかし、その特性に頼れば頼るほど、人々のコミュニケーションの重要な要素である想像力を奪ってしまうという負の特性も持っている。

例えば、イラク戦争が始まった二〇〇三年、メディアの取材者はアメリカ軍に同行して最新の中継機材によってリポートを続け、アメリカ軍が砂漠のなかを進軍してバグダッドを陥落させるという衝撃的な映像を同時進行という形で世界中に流すことができた。しかしその一方で、イラクのテレビ局はアメリカ軍による最初の空爆で破壊されて、その機能を奪われている。その結果、アメリカ軍による空爆の映像や同行メディアによるアメリカ軍の進攻の映像がテレビに溢れる一方で、空爆下のバグダッドの人々はどうなっているのかという情報や映像は欠落してしまいがちだった。映像は想像力を奪ってしまうほどパワフルだ。これらの映像によって、イラク戦争は果たして正しく伝えることができたと言えるのだろうか。その欠落部分を私たちメディアは補えていたのだろうか。

イラク戦争は象徴的な例だが、映像に映しだされていることが、その事象の全体像を表しているわけでは決してない。映像の一面性に報道番組はどう向き合うのか。それは難しい課題だ。〈クローズアップ現代〉はこの課題に対して、「スタジオを重視する」という手法で向き合うことを選択した。映像を主体とするリポートに拮抗する形で、スタジオでのキャスターとゲストの対話を配した。

そして、キャスターである私には、言葉しかなかった。「言葉の持つ力」を信じることがすべての始まりであり、結論だった。テレビの特性とは対極の「言葉の持つ力」を大事にすることで、映像の存在感が高まれば高まるほど、その映像がいかなる意味を持つのか、その映像の背景に何があるのかを言葉で探ろうとしたのだ。

私はキャスターとして、「想像力」「常に全体から俯瞰する力」「ものごとの後ろに隠れている事実を洞察する力」、そうした力を持つことの大切さ、映像では見えない部分への想像力を言葉の力で喚起することを大事にしながら、日々番組を伝え続けることになった。

テレビ報道、三つの危うさ

〈クローズアップ現代〉のキャスターを二三年間続けてきて、私はテレビの報道番組で伝えることの難しさを日々実感してきた。その難しさを語るには、これまで私が様々な局面で感じてきた、テレビ報道の持つ危うさというものを語る必要がある。

その「危うさ」を整理してみると、次の三つになる。

①「事実の豊かさを、そぎ落としてしまう」という危うさ

②「視聴者に感情の共有化、一体化を促してしまう」という危うさ

③「視聴者の情緒や人々の風向きに、テレビの側が寄り添ってしまう」という危うさ

キャスターとして視聴者にいかに伝えるかは、この三つの危うさからどう逃れうるかにかか

っている。

一つめの「事実の豊かさを、そぎ落としてしまう」という危うさをどう免れうるか。これが一番難しいことだった。テレビ番組は、その番組内容のすべてが視聴者に伝わるよう、わかるように作られるが、一歩間違えれば、「わかりやすいだけの番組づくり」になってしまう危険性がある。メッセージがシンプルな番組のほうが視聴率を取りやすい、などと言われる傾向があるなかで、「わかりやすく」することでかえって、事象や事実の、深さ、複雑さ、多面性、つまり事実の豊かさを、そぎ落としてしまう危険性があるのだ。とりわけ報道番組では、このことは致命的な危うさになる。

鋭い批評家である作家の辺見庸さんが、ご自身、テレビ番組に関わったときの経験に触れて、「わかりやすいメッセージだけを探ろうとし、物事を単純化する。テレビの作業はほとんどそうです」と述べている。厳しい指摘だ。しかし、この言葉から受ける痛みを忘れては、テレビ報道に関わる人間として失格だろう。私自身も、とかく「わかりやすさ」を求められるテレビ報道のなかで、どうやって事実の持つ豊かさをそぎ落とすことなく伝えられるか、どうすれば物事を単純化し、わかりやすいものだけに収れんさせるのではなく、できるだけその事象の持つ深さと全体像を俯瞰して伝えられるか、模索してきたつもりだ。しかし、言うは易く、行うは難しなのだ。

ＮＨＫでは入社時の研修で、ニュース原稿や番組は中学生にもわかるように書け、作れと言われたものだ、と職員の方から聞いたことがある。日々、ＮＨＫの放送を観ている方にはわかるように、その実践がいかに難しいかは明白だ。しかし、このところの「わかりやすくなければテレビじゃない」とでもいうような風潮には、やはり危うさを感じる。

最近のテレビ報道は、図や模型、そして漫画、場合によっては再現ドラマも取りいれて、とにかく「わかりやすく」する。しかし、それは往々にして、物事の単純化、イエスかノーかといった結論ありきの展開になりがちだ。そして、一番の危うさは、そういう伝え方に慣れてしまうと、視聴者は「わかりやすい」ものだけにしか興味を持てなくなることだ。

もちろん、わかりやすく伝えてほしいとの要請は視聴者からのものだ。そのことを無視して、わからなくても、と考えるのは伝えるほうの自己満足だと指摘されるだろう。しかし、視聴者の求めるとおりに「わかりやすく」伝えることは、本当に視聴者のためになるのだろうか。難しい問題は、やはり難しい問題として受け止めてもらうことも必要ではないだろうか。わかったと思った瞬間、そこで人は思考を、考えることをやめてしまうように思える。

後年、ある新聞紙面で、映画監督、またテレビドキュメンタリー作家でもある是枝裕和さんがテレビについて書いている文章に出会った。

「わかりにくいことを、わかりやすくするのではなく、わかりやすいと思われていることの背景に潜むわかりにくさを描くことの先に知は芽生える」

これこそ、〈クローズアップ現代〉が目指し、そして私自身がキャスターとして目指し実践してこようとしてきたことではないだろうか。是枝さんの文章に触れたとき、私は即座にそう思った。物事を「わかりやすく」して伝えるだけでなく、一見「わかりやすい」ことの裏側にある難しさ、課題の大きさを明らかにして視聴者に提示すること。それこそが〈クローズアップ現代〉の役割なのではないかと思えた。

結論をすぐ求めるのではなく、出来れば課題の提起、そしてその課題解決へ向けた多角的な思考のプロセス、課題の持つ深さの理解、解決の方向性の検討、といった流れを一緒に追体験してほしい。そんな思いで私は、番組に、そして視聴者に向き合ってきた気がする。

この思いは、たぶんに視聴者にある種の「もどかしさ」を与えてしまうだろう。しかし、それでもいいのではないかと思ってきた。視聴者の一人ひとりは、その「もどかしさ」を消化する力を持っているに違いない。私はそう願ってきたのかもしれない。辺見庸さんはさきほど引用した文章の続きで、「もっと人々に反復的に思索せざるをえない状況というものを作れないものなのか」とテレビへの課題を投げかけている。

ＮＨＫと民放には、放送法に基づいて設けられた「放送番組審議会」という放送番組に意見を言える唯一の組織がある。ＮＨＫのホームページで公開されている中央放送番組審議会の議事録のなかに、ある委員が次のような意見を述べているのが目に留まった。それは、ＮＨＫニュースのあり方、中立性を意識した並列的な報道のあり方に疑問を投げかけたものだった。「ほとんどの問題は、単純な二項対立で描いてみてもその核心に迫るのは難しい。何についても賛成と反対の間には、無限のグラデーションがある。そして多くの視聴者の考えも、そのグラデーションの中で揺れ動いていると思う。問題の視点を二元化することは、解決策をさぐるための議論を深めるよりも、むしろ最も距離の離れた賛否のグループの陣地取りゲームに付き合わされることになり（中略）問題の解決に向けて議論を豊かなものにするということには必ずしもつながらない」。白か黒かの単純さをどう排除するのか。テレビ報道の難しい課題だ。

風向きの原則

「視聴者に、感情の共有化、一体化を促す」と「視聴者の情緒や、人々の風向きにテレビの側が、寄り添ってしまう」という、二つめの危うさと三つめの危うさは裏表の関係にある。

テレビの持つ映像の力、同時性と即時性の力はとても強い。9・11のニューヨークのワールドトレードセンターの映像、3・11の東北地方を襲った大津波の映像をあげるまでもなく、映像は一瞬にして、テレビの前の視聴者に極めて情緒的で感情的な一体感をもたらす。スポーツ中継、とりわけ日本代表チームの勝敗がからんだ放送なども同じ効果をもたらす。そして、映像によってもたらされた視聴者の一体化された感情に対して、今度はメディアのほうが寄り添い始める。

二〇〇一年の9・11同時多発テロの直後、アメリカ市民のなかには、「なぜ私たちは攻撃されたのか」という視点からの発言や思考を繰り返していた人々が数多くいた。ニューヨークはとりわけ人種の坩堝のような街だ。イスラム系の人々も多く、視点も多様化される素地はあった。〈クローズアップ現代〉でも、一一月に現地から四本連続のシリーズを組んだが、そのなかで、インタビューをした作家のポール・オースターさんや映画監督のマーティン・スコセッシさんは、「なぜ自分たちがこれほどまでの憎悪の対象になってしまったのか」という問いかけを自らに課していた。オースターさんは「あのテロのあとニューヨーカーは自分たちは何者なのかを考えるようになりました。なぜ私たちは攻撃されたのか、私たちは何を拠り所にしているのかと。そこで周囲を見回し、ここは世界でもっとも雑多な都会だ。私たちはニューヨークのそういうところが好きだと。人々はより親切になり、見知らぬ人同士がお互いに接したいと思うようになったのです」と語った。そしてスコセッシさんもこう語る。「人々は今まで知らなかった他の文化を知ろうとしています。イスラムについて何一つ知らなかった人が今や学び始めたのです。これは素晴らしいことです。なぜなら無知は恐怖を生み、恐怖は怒りに変わる。やがてその怒りは殺意につながるからです」。二〇〇一年一一月二二日放送「シリーズＮＹ発アメリカはどこへ④〜ニューヨークを見つめて」でのインタビューだ。

しかし、繰り返し流されるワールドトレードセンターの衝撃的映像と、街々に掲げられる星条旗の映像のなか、アメリカはスコセッシ監督が無知こそが生み出すとしていた憎悪と復讐の国家へと急旋回していった。

9・11の映像は、アメリカ国民を恐怖の底に落としいれたが、その後は、国民の感情の共有化、憎悪と復讐に燃えた一体感を生み、人々から冷静な判断力を奪っていくことになったのではないだろうか。そしてこの視聴者の一体感に寄り添った報道を続けたＦＯＸテレビが視聴率を急速に上げるに従い、他の放送局も次第にその方向に追随するようになっていった。

テレビは、世の中の空気を読むため、知るための手っ取り早いメディアとして機能してきた面がある。テレビを見ることで、一般的な他者の動向を知りたい視聴者の嗜好を満足させてきた。そのためテレビは、社会の均質化をもたらす機能を本来的に持っている。そして一方で、テレビの制作者側も、多くの視聴者を獲得したいがために、視聴者の動向に敏感にならざるをえない。この視聴者側と制作者側双方の相互作用は、とても強力なものだ。テレビは感情の一体化をあおる。その結果、視聴者の感情の一体化が進めば進むほど、今度は、その視聴者の感情にテレビは寄り添おうとする。

この相互作用は、多数派への流れを加速していくことになる。そのなかで進むのが少数派の排除、異質なものの排除だ。劇作家の井上ひさしさんが「風向きの原則」と呼んでいた現象だ。風向きがメディアによって広められているうちに、その風が次第に大きくなり、誰も逆らえないほどに強くなると、「みんながそう言っている」ということになってしまう。「風向きの原則」が起きるのだ。

テレビはパワーがあるだけに、一瞬にしてあることを見せてしまう。そこには感情の共有化を促す、一体感を作り出すパワーがある。メディアのなかでも、とくにテレビは、なによりも人の感性、感情に訴えかける。だからこそ、より多くの視聴者を獲得するために、その力を総動員しがちだ。その一体感が支配するなかで、少数派の意見、異質な意見を伝えるのはとても難しい。みんなが同じことを感じているときに、そのことに疑問を投げかけると、猛烈な反発が返ってくることもある。そうなれば、メディアの内部でも「風向きの原則」が起きてくることになる。

シンプルでわかりやすい表現を使用することで視聴者の情緒に寄り添い、視聴者の「感情の共同体」に同化してしまうことの危険性。メディア、とくにテレビはこの危険に陥りやすい。だからこそ、たとえ反発はあっても、きちんと問いを出すこと、問いを出し続けることが大事だ。単純化、一元化してしまうことのないよう、多様性の視点、異質性の視点を踏まえた問いかけが重要なのだ。問いを出し続けることで、「視聴者に、感情の共有化、一体化を促す」危うさと「視聴者の情緒や、人々の風向きにテレビの側が寄り添ってしまう」危うさから免れたいと私は思ってきた。

第2章

自分へのリベンジ

初めてのキャスター時代．ニューヨークのスタジオで

英語放送からのスタート

ＮＨＫとの出会いは父にかかってきた一本の電話がきっかけだった。

「お宅には英語が堪能なお嬢さんがいらっしゃいましたよね?」

電話の主は家族で香港に住んでいたころ、近所にいらしたＮＨＫの元特派員の方からだった。一九八一年、夜七時のニュースを二カ国語放送にすることに向けて、その業務の責任者になっていた元特派員の方は、英語でニュースを読むアナウンサーを探していて、電話をかけてきたのだった。

私はアメリカの大学卒業後、帰国して外資系企業に勤めてみたものの、一年足らずでそこを辞めてしまい、明確な将来像も見いだせず過ごしていた。私はすぐに誘いのあった英語ニュースの試験を受けて合格、英語放送のアナウンサーとして雇われることになった。ＮＨＫではそれまでにも午後五時の五分間ニュースが二カ国語で放送されていたり、ラジオでの英語ニュースはあったが、いよいよ夜のメインニュースの二カ国語放送を始めるというので、どのような体制で臨めばよいのか様々な検討が行われていた。

最初の仕事は、七時のニュースに使用される日本語原稿を一刻も早く手に入れて、翻訳を担当する人たちに運び、時間までに英語原稿を完成させること。当時、放送センターの五階にあったタバコの匂いが充満する整理部の部屋と、三階にあった英語放送の作業部屋の間を何度も行き来することになった。ニュースの時間が迫るなか、原稿に手を入れたり、リードを書きかえている緊張した雰囲気のなかで、仕事をしている職員の後ろにおずおずと立ち、少しでも早く、一枚でも多くの原稿を持って走って英語放送の作業部屋に届けるのが仕事だった。

駆け出し時代

英語放送のサービスが始まることを知らなかったり、知っていても後ろで原稿を待っている私を見て見ぬふりをしたり、なかなか原稿をもらえないことも多かった。原稿が早くから出来ている、いわゆる「暇ネタ」などはファックスでカタカタと音を立てて送られてきたが、時間が迫ってくると、作業をしている職員の後ろに立って待ち、完成した日本語原稿を一枚ずつ走って届ける原始的な方法が、結局、最も有効な手順であることがわかった。

まずは自分の顔を覚えてもらえることが大切。早い時間に整理部に顔を出して「今日は担当なので原稿をよろしくお願いします」と挨拶し、あとで「あの～、原稿をください」と言いやすい雰囲気を作れるよう工夫もした。それでも、夕方六時半を過ぎてもトップニュースの原稿がまったく手に入らなかったりすることが多く、三階の作業部屋で待機するトップニュースを担当することになっているライター、翻訳者たちを気の毒に思った。長い原稿の場合は、一、二枚持って階段を駆け下り、廊下を走って届けてはまた五階に戻り、続きの原稿を運ぶといったことを何度も経験した。部屋の隅にあったアナウンスブースでは、アナウンサーが翻訳された英語原稿を今か今かと待ち、初見で難しいニュースを読まざるをえなくなっていた。そして、突然飛び込んでくるニュースには同時通訳での対応が迫られた。

帰国子女で小学校の数年を除いて海外の大学やインターナショナルスクールで教育を受けてきた私は、日本のことをきちんと理解できていないことがコンプレックスになっていた。採用面接で英語ニュースに関わりたい動機を聞かれたときも、「日本のことを知りたいから」と答えた。長い海外経験のおかげで英語の発音が良く、原稿をきちんと読めたことで採用されたのだが、トップニュースや難しいニュースはベテラン職員の男性アナウンサーが担当し、私たち女性アナウンサーが読むことはなかった。またニュースを読むだけでなく原稿の翻訳も行ったが、私たちに回ってくるのは、お祭りの話題、特産物の出荷が始まったことなどの、いわゆるトピックスや、早くから原稿が出ている暇ネタだった。

英語放送の仕事は週二、三回、午後三時半から八時までの四時間半。担当の日は朝から日本語の新聞と英語の新聞を丹念に読み、その日の放送に出てきそうなニュースを理解できるようにし、英語での言い回しを勉強した。英語放送を聴く人々は日本に住んでいる外国人や日本を訪れている海外の人々を想定しているため、出来るだけわかりやすく伝えなくてはならない。日本の視聴者にとって馴染み深いことや当たり前になっている事柄について、日本語のニュース原稿では背景を説明しないが、英語ニュースでは同じ時間内に外国人にわかるように伝えなければならなかった。

例えば、選挙制度改革で小選挙区比例代表制が検討されていたころ、毎日のようにこのテーマが取り上げられていた。「選挙制度改革に関連して」と短いリードで日本語の原稿は始まるのだが、英語に翻訳するときは、なぜそうした改革が検討されているのかの説明もさりげなく加えられた。ロッキード裁判についての原稿が出ることが予想される日は、ライターたちが戦々恐々としているのが伝わった。日本人でさえ事件の構図の全体像を理解することが難しいのに、時間に追われてニュース原稿を翻訳するのは高い能力が必要とされた。

私もお祭りの原稿を翻訳しているとき、日本のどこにある町か、お祭りの由来などもつい詳しく説明をつけたくなったが、緊急のニュースが入ってきたり、トップニュースの時間が延びると、どんどん削られた。ニュース原稿を読んでいても、果たして外国の人に理解できるのだろうかと思うことも少なくなかった。

「伝えること」の出発点

ニュースを英語で読むことに少し慣れてくると、本格的にニュースの翻訳に取り組みたくなった。同時通訳での対応が必要なこともわかってきたので、同時通訳者を養成する専門学校にも通い始めた。クラス分けのテストは英語で行われるため、私はいきなり上級者に分類されたが、実際に授業が始まると、日本語が不自由な私は劣等生であることを思い知らされた。意味はわかるのだが、日本語が出てこない。一方、英語はそれほど流暢ではないものの素晴らしい訳し方をする生徒が何人もいた。英語のスピーカーの話し方どおりのニュアンスや格調の高さまで日本語で再現されていく様子を、私はただただ聞き入っていた。

耳で聞いたことを正確に言葉にする訓練、リピーティングの授業があった。その訓練を繰り返していくうちに、私は苦手だと感じていた日本語が口の中で定着していくように感じ始めた。読んだり書いたりしていても、自分で使うとなると敷居の高い表現がある。しかし、自分で聞きながらその言葉を実際に使うことで、遠かったボキャブラリーが自分の中で使えるものに変わっていく。これは不思議な体験だった。使い慣れていない難しい日本語をむしろ使ってみたくなる、そんな衝動も経験した。リピーティングに使用されたスピーチの質は高く、こんなふうに話してみたいと思わせる素材、味のある表現、間《ま》の取り方、耳でひたすら聞いて再現する訓練は、今思えば、「伝えること」の入り口に立ったばかりの私にとって、本格的に言葉による伝達に興味を抱く出発点になった。

同時通訳者を養成する専門学校に通って良かったことが、もう一つある。みんなの前で何度も自分の語学力をさらけ出す訓練は、私に度胸というものをつけさせてくれたのだ。帰国子女は英語で話すときと日本語で話すときとでは、人が変わったようになると言われることが多い。英語では堂々と相手に対して対等に振る舞うことが出来ても、日本語になると極端に丁寧になったり自意識が過剰になったりする。言葉に対する苦手意識が態度にまで影響を及ぼすのだ。「出来ない」「へた」な生徒、しかしそこで自分と同じように、英語のほうが得意で体当たりでクラスに通う仲間とも出会い、彼女たちの伸び伸びと振る舞う姿を見て、私は肩の力を抜けるようになっていった。

そんなとき、二カ国語放送の責任者に思い切って「アナウンサーではなく、ライターとして働く日を入れてもらえないだろうか」と申し入れ、聞き入れられた。そこから週二回程度、ライターとしてＮＨＫに通った。当日の〈7時のニュース〉の予定オーダーを見ながら、編集長がライター一人ひとりに当日の担当を告げる。新米の私には早めに原稿が出来上がる可能性のあったニュースが当てられることが多かった。何が起きたのか結論の部分が日本語では文章の一番最後に書かれる。経緯の長い事件などの原稿は、そのまま訳すと外国人にはとてもわかりにくくなってしまうことが多かった。伝えようとしていることのどこに一番ニュースバリューがあるのか。どんなことが最も外国人にとってわかりにくいことなのか。そうしたことを考えながら、原稿を訳す日が続いた。こうした経験が、のちのキャスターの仕事に役立つことになる。

ＮＨＫの二カ国語放送に関わりながら同時通訳の学校に通っているうちに、通訳の仕事もやってみたくなった。国際会議で同時通訳の仕事を始める人も出てきたが、私は聞きながら訳す、とりわけ内容の意味がよくわからないものを同時に訳すのがとても苦手であることに学校で気づいた。逐語通訳であれば話のメモを取りながら聞き、いったん話が止まったところで通訳をするので、内容を理解しながら話すことが出来た。ところが、同時通訳では、内容を理解しようと努めるといつの間にか話が進んでいて追いつけず、長い間の沈黙をしいられた。私は同時通訳者にはなれないと思った。

ジャーナリズムへの入り口

何がきっかけだったか覚えていないが、外国人記者が日本を訪れ取材するときにサポートを行っていた千代田区内幸町にあるフォーリン・プレスセンターに登録をし、仕事をもらうようになった。日本に支局を置く海外の大手新聞社や雑誌社であっても、特集を組む場合は、取材に同行する通訳やコーディネーターを必要とした。ニューヨークタイムズ、ワシントンポスト、デア・シュピーゲル、ナショナルジオグラフィックなどの記者やカメラマンと共に現場に行き、主にインタビューの通訳をした。

テーマは日本の環境問題、産業政策、ファッション、伝統文化と多彩だった。記者がどんなことに関心をもって取材をしようとしているのか、問題をどのように捉えているのか、彼らがインタビューに臨む前に話を聞いた。そして一つの取材を終えると関連するインタビューをさらにしたいので良い人を見つけてくれないかと頼まれることも多くなり、私は次第に取材のためのリサーチも経験することになった。

大きな楽しみは、何といっても取材後しばらくたってから手にする記事だ。光の具合を気にしながら何時間もかけて撮影した表情、ねばって聞いたインタビュー。長い取材を通してジャーナリストたちが見出した事実を、どんな言葉や表現で伝えるのか、取材のプロセスに立ち会ったけに興味深かった。

このころ私は、ＮＨＫに依頼され、英語で行われたインタビューを文字に起こす仕事をしたり、〈ＮＨＫ特集〉を制作するディレクターに頼まれて、海外取材の対象になりそうな相手から事前に電話で情報取材する仕事も引き受けていた。インタビュー起こしのテープに耳を傾けながら、この質問にどう答えるのだろうか、答えを受けてどんな質問をするのだろうか、声を聴きながらどんな人物なのだろうか、などと想像を膨らませていた。

振り返ってみると、このころの経験によって私は、ジャーナリズムの面白さと難しさ、そしてインタビューの面白さを知ったように思う。また、インタビューがいかに大事であるか、準備の仕方、聞き方によって得られる答えが大きく変わってくることに気づかされた。世界を代表する新聞や雑誌で活躍する記者たちの働き方を目の当たりにし、自分が媒介となってつないだ情報によって発信されていく記事を読み、ジャーナリズムの仕事の醍醐味を味わうことが出来た。こうしてテレビ、新聞、雑誌といった多彩なメディアの仕事に関わり、様々な体験を通して、私はジャーナリズムの世界への関心を深めていった。

誰も観ていないテレビ

報道にまつわる様々な仕事を経験するようになって五年ほどたった一九八五年の暮れ、私は結婚し、東京での仕事に区切りをつけて、パートナーがいたワシントンに向かった。こうしていったんは仕事を辞めたはずの私だったが、その後、パートナーの仕事でニューヨークに引っ越したのをきっかけにＮＨＫアメリカ総局のリサーチャーになった。ニュース素材のためにインタビュー相手を探したり、そのインタビューに同行したり、〈ＮＨＫ特集〉のリサーチを本格的に行うようになった。一九八六年、バブル経済が勢いを増す日本を象徴するかのような番組、「世界の中の日本・日本のカネは世界で何をしているのか」のリサーチ依頼が来たことが記憶に残る。

リサーチャーとしての仕事に充実感を覚えるようになってきた頃、突然、ＮＨＫのチーフプロデューサーから「テレビに出てみませんか？」と言われた。私は「トレーニングも受けていませんし、日本語も上手ではありませんので出られません」と断ったが、「大丈夫、大丈夫！　出来ます」と何度も言われた。「どうして大丈夫と言えるのですか？」と尋ねると、なんと「誰も観ていないから」だと言う。「誰も観ていないテレビとは何ですか？」。あまりに奇妙なことを言うので、私はそう聞き返した。すると、「新しく試験放送が始まる衛星放送を受信するには専用アンテナが必要だが、まだ持っている人はほとんどいない。それに国谷さんが登場するのは日本時間の夜中の三時と五時だから、誰も観ていないよ」と言うのだ。「それならば、ものは試しだ」と考えて、私はチャレンジすることにした。

スタートした衛星放送の最大の売りは〈ワールドニュース〉だった。世界各地から二四時間、ニュースを伝えるその番組では、ニューヨークのほかロンドン、パリ、マニラなどから、順次、生の情報をつないでいくこととなった。試験放送が始まったのは一九八七年の七月、アメリカ総局の記者がテレビを改良した手作りのプロンプターを器用に作ってくれた。総局の中に作られた小さなスタジオから、生放送で毎日ニュースを出すための急ごしらえの態勢づくりは、とても大変だったと記憶している。

私が担当した番組は、挨拶から始まってニューヨークの天気を伝え、ニューヨークタイムズのトップ記事や日本人にとって興味のありそうな話題を二、三分紹介した後、CNNのヘッドラインニュースを流した。ときには、その後にインタビューコーナーが続くこともあった。ゲストは、ブロードウェイ情報に詳しい方や、ウォールストリートで働く日本の金融関係者、アメリカをテーマに小説を書いた石川好さんなどが登場した。だが、たいていはニューヨーク市場の為替相場、証券取引所での株式市場の値動きなど、マーケット情報を伝えて放送を終えていた。

その日伝える冒頭の話題を書き終わると総局の記者に目を通してもらい、自分で簡単に髪を整えメークをして出演した。そんなに難しいことではないように思えたが、自分の「さ、し、す、せ、そ」の発音が「しゃ、しぃ、しゅ、しぇ、しょ」と聞こえるのではないかと心配し、放送後、収録VTRでたびたびチェックしていた。

放送が始まって三カ月ほど経った一〇月一九日、ニューヨーク株式市場が大暴落した。いわゆるブラックマンデーだ。たった一日でダウ三〇種平均の終値が前の週末に比べて五〇八ドル、二二・六％と史上最大規模の値下がりとなったのだ。その日は下がり続ける株価を日本に向け伝え続けたことを思い出す。

確かに出演交渉を受けたときの説得文句のとおり、誰も観ていないのか、視聴者からの反応はまったくと言っていいほど私に伝わってこなかった。ところがただ一人、ある日突然スタジオに現れたのが、作家で評論家の立花隆さん。「いつも観てますよ」と声をかけてくれたのだ。夜通し書いていた原稿を仕上げた深夜の三時や五時に、新し物好きの立花さんは、衛星放送を観ることが多かったという。私にとって最初の視聴者となった。

厳しい視聴者のチェックを受けることもなかったニューヨーク時代、振り返ってみると家庭的な雰囲気のスタジオで毎日決まったパターンの放送を粛々と出し、キャスターとして問われるような「修羅場」を経験することもない、穏やかな日々だった。

大学か、それとも仕事か

大きな転機が一年足らずで訪れた。ニューヨーク発の〈ワールドニュース〉を担当して、観ている人がわずかな試験放送だった衛星放送から、私はいきなり毎晩何百万人もの人が観ている総合テレビへ抜擢されたのだ。

一九八八年の四月に始まった〈ニューストゥデー〉は、一四年間続いた〈ニュースセンター9時〉を刷新し、八〇分間にした大型ニュース番組。メインキャスターの平野次郎さんに加え、政治、経済、社会、国際、スポーツ、気象、シティ情報をそれぞれ担当するキャスターを合わせると総勢八人という、見た目にも派手なニュース番組で、私は国際ニュースの担当になった。特派員の経験はおろか、第一線で取材した経験もない私が、世界中でいつ何時、大事件が起きるかもしれない国際ニュースを担当することは、少し冷静に考えれば、とても無謀なことと判断出来たはずだ。ところが、私は深く考えずに新しい仕事を引き受けてしまっていた。

この決断の直前、もっと本格的にジャーナリズムを学ぼうと願書を出していたコロンビア大学のジャーナリズム大学院への入学許可が届いていた。大学院に行くのか、日本に帰国してテレビの仕事を選ぶのか。迷った私は大学へ相談に行った。入学担当の学部長は、「学校は待てます。しかし、仕事がめぐってくるチャンスはそう多くありませんよ」とアドバイスしてくれた。“School can wait.” 私の迷いを吹き飛ばしてくれる言葉だった。

衛星放送に出ることをあれほど躊躇した私が、わずか一年足らずのキャスター経験にもかかわらず、地上波の番組でも通用するなどと、なぜ思ったのだろうか。キャスターという仕事を甘く考えていたとしか思えない。

挫　折

東京の放送センターにキャスターとして初めて足を踏み入れた瞬間、私はその雰囲気に圧倒された。家庭的だったニューヨークの職場から、突然、大勢の人々が張り詰めた空気のなかで作業する報道現場に放り込まれたのだ。まずは放送開始へ向けてテスト版を制作することになった。このテスト版ではアメリカ大統領選挙を取り上げることになり、何日も前からその準備をして、なんとか切り抜けることができた。

しかし、実際に放送が始まってみると、当然のことながら、予定していた項目は直前に削られたり、伝える内容が再三差し替わり、生放送のなかスタジオでの臨機応変な対応が迫られた。

私の緊張している様子は毎日の放送を通してすぐに視聴者に伝わり、こわばった表情だけでなく言葉につまったり、日本語の「てにをは」がおかしかった。自信なさげなキャスターに対して、視聴者から多くのお叱りが届いた。抜擢されたものの、期待に応えられない不甲斐なさから私は肩身が狭かった。自分自身にも失望し、NHKからの帰り道、涙があふれることも少なくなかった。

私が最も混乱したのは、キャスターとは何をすべきかがわからなかったことだ。自分のコーナーに与えられた数分のために、どんな準備をし、何をどう伝えるのか。そもそもキャスターの役割は何か。何も理解できていないままに、テレビカメラの前に立ってしまったことに私自身、戸惑っていた。

なりたい自分が見えた

期待されたパフォーマンスが出来ないなかで、私の出番は次第に少なくなっていき、半年でスタジオでのキャスターという役割から降ろされた。その後は国際担当のリポーターとなり、アメリカ大統領選挙の選挙戦を追いかけたり、タイ、カンボジア、ベトナム、ラオスといったインドシナ半島の国々を取材、リポートした。長引くカンボジアの内戦で難民になった人々が三万人暮らすタイ―カンボジア国境沿いにあるキャンプの現状を伝えたり、戦争の傷跡がまだ残り、ほとんど住む人のいない中国とベトナムの国境をリポートするなど、現場で伝えることを初めて経験した。自分が見聞きしたことをリポートしているときは、気後れもなく伝えることができ、英語を使って伸び伸びと仕事をしているとの声も届いていた。しかし、その仕事からも半年で降ろされることになった。

キャスターという仕事に偶然めぐり会い、抜擢されて総合テレビに出たものの、経験と能力不足が露呈し、わずか一年で外された。自分にとって初めて経験した大きな挫折。しかし、そのことでむしろ、私のなかでキャスターという仕事に対するこだわりが生まれてきていた。毎日、大勢の視聴者の前で不甲斐ない仕事ぶりを見せ、時に外を歩けないような恥ずかしい気持ちで過ごさざるをえなくなった一年間を経て、私は、キャスターとして成功したと評価されなければ、この先も、顔をあげて歩いていけないと思うようになっていた。

キャスターとして認められたい。なりたい自分がはっきりと見えた。

時代の現場に立つ

報道番組で不甲斐ない結果を出し、期待を裏切ったキャスターにはなかなかセカンドチャンスは与えられない。しかし、幸運なことに、私にはまだあまり人が観ていない衛星放送があった。一九八九年四月、その年の六月から本放送が始まることになった衛星放送で私は、世界のニュースを伝える〈ワールドニュース〉のキャスターを担当することになったのだ。

本放送スタートを前に、中国の最高指導者鄧小平とソビエトのゴルバチョフ書記長との歴史的会談の取材で北京に行ったときのことだ。NHKは大掛かりな中継体制でこの首脳会談を伝えようとしていた。天安門広場の近くにある北京飯店というホテルの一室を借り、広場が見渡せるベランダを中継放送ポイントの一つとして用意していた。私は別の場所にあった仮設スタジオとベランダとの間を行ったり来たりしながら、歴史的な首脳会談について伝えることになっていた。

ところが、首脳会談が行われるのを前に、天安門広場では民主化を求める学生や市民が座り込みを始め、広場に向かう大通りは北京周辺の大学生たちがプラカードを持って行進する行列が後を絶たない状態になってきていた。日に日に天安門広場は民主化を求める人で埋まっていった。私はホテルのベランダからその模様を生中継でリポートすることになり、コメント材料を求めてホテルから広場に走り、学生たちにインタビューをした。広場に座り込む息子や娘たちを心配して親たちも集まってきていた。合言葉のようになっていたのが、「ご飯をたべた？」。

親たちは、子どもたちがきちんと食事しているのかを気にしていた。

いつの間にか主役は中ソ首脳から学生たちへと変わり、私自身も歴史的な首脳会談についてはほとんど憶えていない。鮮明に記憶に残っているのは、ベランダから見えた、突然飛来した軍用ヘリが低空で天安門広場に向かっていく光景だ。五月二〇日、戒厳令が発令されて初めての朝のことだった。生中継は許されなくなっていた。NHKはその日、私を帰国させることにした。

空港でチェックインを待っていると、取材のVTRテープが届けられた。見つかれば没収される。私はトランクと機内持ち込みの荷物にテープを入れた。トランクをセキュリティチェックの機械に通すときは本当にドキドキした。検査官は私の荷物の映像を見て、「何か機械が入っているのか?」と質問した。「ヘアドライヤー」と答えると黙って通してくれた。手荷物検査場を通る前にシルク製品の店に入り、ピンク色のネグリジェを購入し、テープをそれでくるんだ。気休めとわかっていたが、大事な取材テープを無事に日本に持ち帰れるよう、少しでも何かしたかった。無事セキュリティを通過し、出発ゲート前のベンチに座ったときは本当にほっとした記憶がある。

私が持ち帰ったテープは、成田空港で待ち構えていたNHK職員によってすぐさま伝送され、戒厳令が発令された北京の様子が放送された。ＮＨＫの取材陣がリスクを負い、心身をすり減らしながら現場取材を行い、それをＶＴＲに収めて視聴者に送り届けた。その有様を直接、肌で感じたこの体験は、キャスターへの再チャレンジを始めたばかりの私にとって貴重なものとなった。

歴史が私を押し出した

私が衛星放送に戻った一九八九年から、世界では世界史の教科書を塗り替える歴史的な出来事が次々と起こった。私はキャスターとして、生放送を切り盛りしたり、複数のゲストたちとの討論を仕切り、ゲストを多元的に結ぶ衛星中継インタビューを行うなど、喉から手がでるほど欲しかったキャスターとしての仕事をたっぷりと経験することが出来た。天安門事件の衝撃が収まるや否や、今度は東ヨーロッパ諸国で次々と民主化の動きが相次ぎ、ポーランド、ハンガリー、ベルリンの壁の崩壊、そしてルーマニアのチャウシェスク政権の崩壊と、本放送が始まったばかりの衛星放送は、毎日世界中から刻々と届くニュース映像を使いながら長時間の番組を積極的に編成し続けた。

私がキャスターを担当していた〈ワールドニュース〉は、本来一時間の番組であったが、事態が大きく動いているときは、番組の終わりがいつになるのかわからないまま放送をスタートした日もあった。ニュース映像を見ながらスタジオの複数のゲストと分析したり、海外のシンクタンクの専門家と結んで議論したり、途中でゲストが入れ替わりながら長時間の放送を出し続けるときもあった。冷戦が終結していくまさに歴史の節目に、私はキャスターとしての経験を積むことが出来たのだ。

大きな国際政治のうねりが、いったいどのようにして生じたのか。日本にはどんな影響が予想されるか、この先どんな新しい国際秩序につながっていくのか。グローバルな視点で多角的に一つひとつの事象を捉える訓練は、私にとって貴重な蓄積になっていった。また、誕生したばかりの衛星放送は、柔軟な番組編成を売り物にしており、多彩な報道番組に積極的に挑戦していた。挫折を乗り越えるため経験を積みたいと思っていた私にとって、自分が得意とする英語を活かす局面が日々続いた。駆け出しの自分でもキャスターを担当していることには意味がある。そう感じられた。

試練のインタビュー

世界の激動が続くなかで、一九九〇年の四月から私は〈世界を読む〉という衛星放送の新番組を担当することになった。毎日一時間のインタビューを通して世界、そして日本で起きていることを深掘りしようという番組だった。

編集を前提にしないインタビュー番組は、インタビュアーにとって大きな試練となる。編集が伴えば少々的外れな質問をしても、あとでその質問をカットすることが出来る。しかし、質問も含めて丸ごと放送するとなると、インタビュアーの力量が問われることになる。この番組の準備をするために、私の睡眠時間は大幅に少なくなっていった。

インタビュー相手の都合で朝の収録もあれば、一日に複数のインタビューを行う日もあった。来日するVIPの情報をキャッチしてインタビューを次々と申し込んでいった。ワインバーガー元国防長官、シュミット元西ドイツ首相、アメリカの著名なジャーナリストのハリソン・ソルスベリー、キッシンジャー元国務長官、北朝鮮の指導的理論家ファン・ジャンヨプ(のちに韓国に亡命)、映画監督で写真家のレニ・リーフェンシュタールなどなど、世界の歴史を作ってきた人々に話を聞いた。そして、学生時代からずっと観ていたアメリカABC放送〈ナイトライン〉のキャスター、テッド・コペルへのインタビューも経験できた。本来ならば準備のために一週間は時間がほしい人々ばかりだったが、自転車操業でとにかく乗り切らなくてはならない。睡眠時間が三時間という日もざらで、五時間寝たら今日は本当によく寝たと思える日々だった。

国際情勢はその後も激動を続け、第一次湾岸戦争が勃発、ソビエト連邦の崩壊も起きた。無我夢中で仕事をし、キャスターとして認められたかった私は、体の具合が悪く、熱があっても、吐き気を催しても決して休まなかった。バケツを席の下に置きながら放送したこともあった。

インタビューは大変だったが、私には苦にならなかった。その人でなければ語れないエピソードや想いを語ってもらい、それを視聴者に届けることが出来る。そういう仕事に携わっていることが大きな喜びであると感じられるようになっていった。

リベンジの時

衛星放送で体験した、インタビューのいわば「一〇〇〇本ノック」。そして四年が経ち、一九九三年、総合テレビで夜九時半から新しく始まる報道番組のキャスターを私に担当してほしいと依頼が来た。苦い思いを経験した総合テレビで、もう一度自分を試せる。自分へのリベンジが出来るチャンスを与えられたと思った私は、すぐに「やらせてもらいます」と答えた。

かつて抜擢された〈ニューストゥデー〉の国際担当キャスター。もしその失敗がなかったら、私はキャスターとしてどんなキャリアを歩んでいたのだろう。今でもそう考えることがある。

中国や東ヨーロッパ、ソビエトの激動を、もし衛星放送のキャスターとして経験していなかったら、と。

ディレクターもキャスターも少なかった衛星放送の〈ワールドニュース〉。二四時間放送を売りに放送時間がたっぷりあり、編成も柔軟で、ニュースが飛び込んでくれば現地の放送局の映像を取り込み、多彩なゲストと対談しながら事態を読み込む。準備が出来ていなくても、臨機応変にニュースを出していくということは、その分、キャスターに任される部分が大きかったということだ。多くの修羅場を否応なしに体験させられ、その結果として、私はどんな事態にでも向き合える度胸がついたと思う。自分を鍛えられる場所を与えられたことが、キャスターとして認められたいという強い気持ちが生まれていた私には、なによりありがたかった。

世界を動かしていた人々と対話をしたり、国際情勢の変化をリアルタイムで伝えていったことで、常に全体を俯瞰しながら、事態を多面的に捉える訓練を受けていたように感じる。同じ出来事であっても国や立場の違う人からはまったく違う目で捉えられていることを繰り返し知らされ、ものの見方が一つではなく、複眼的な視点をもつ大切さを学んだように思う。

また、数々のインタビューを通して、たとえニュースになる発言を引き出せなくても、言葉の重みや表情が語ることもテレビの大きな魅力であることを学んだ。インタビューでは聞き手がどんな質問をするのかが問われていることも実感した。そして、生放送では、最後は自分しか頼れないという覚悟が必要であることも身にしみてわかった。

制作陣とともにどのように準備を進めていけばよいのか。キャスターとして必要な技術だけでなく、キャスターとしてあらゆる経験を蓄えることができたのが、あの衛星放送での四年間だったといま思う。

第3章

クローズアップ現代

放送直前のスタジオで

この人、大丈夫なの？

私はキャスターとして働き始めて以来、国際報道の分野ばかりを担当し、日本の政治、経済、社会をテーマに扱ったことがなかった。そんなキャスターに、あらゆるテーマを扱う〈クローズアップ現代〉のキャスターを担当させることは、ＮＨＫとしてもチャレンジだったに違いない。編集責任者（編責）やデスクといった要の人々と初めて会ったとき、「この人は誰？」「大丈夫なの？」というような空気があったのは確かだ。衛星放送での私の仕事ぶりをよく知っていた人々は強く推してくれたが、私のことを知らない人々も少なくなかった。

番組のプロジェクトルームには、「ＶＴＲリポートはあくまで素材、完結してはいけない」という標語が貼られていたと記憶している。取材担当のディレクターが撮ってきた素材を編集し、そのことだけで番組を完結させてしまおうとしないこと。ＶＴＲリポートの後にくるスタジオパートもリポートの一部と考えるのが大事だと強調していた。ディレクターは、ＶＴＲリポートだけでなく、キャスターとゲストのトークを含めて設計しなくてはならない。そういうポリシーがあった。〈ＮＨＫスペシャル〉やドキュメンタリー番組を目指しているディレクターのなかには戸惑う人もいたにちがいない。取材から編集まで、すべてが自分の手の内にあるドキュメンタリー番組を志向している人が多かったのだ。

〈クローズアップ現代〉は、政治、経済、事件、事故、災害、国際、文化、スポーツと幅広いテーマを扱う「テーマに聖域は設けない」というのがモットーの番組だ。組織的には、報道局と制作局から一人ずつ編責を出し、〈NHKスペシャル〉などの大型番組を管轄するNHKスペシャル番組部が全体を統括する番組と位置づけられていた。渋谷の放送センターのみならず、地域局や海外支局も含めNHKのどの部署からでも企画を提案できた。ディレクターたちに対する求心力が強いNHKスペシャル番組部という部署が管轄する番組となったことで、〈クローズアップ現代〉は組織のパワーが集まりやすい恵まれた環境でスタートした。さらに、週に四本、三〇分弱でワンテーマを扱う報道番組は、報道局の取材部門にとっても魅力的に映ったようだ。ニュースでは、幅広い取材をしても十分に伝えられないことが多い。〈クローズアップ現代〉ではそれが出来るのだ。次第に取材部門の記者からの提案も増えていった。しかし、一方で、提案がなかなか採択されず、敷居が高い番組と言われていたことも後から知った。

〈クローズアップ現代〉の第一回放送は当初、老朽化したロシアの原子力潜水艦が解体されずにウラジオストクに放置され危険な状態にあるというテーマが予定されていた。丁寧な準備が進められていたが、放送の前日になって、ロシアでクーデターのような混乱が発生し、急きょ放送内容の差し替えが決まった。一九九三年四月五日放送「ロシア・危機の構図」。ロシアで起きている政局の変化をモスクワと中継で結んで伝えることになり、放送するＶＴＲリポートも放送時間ギリギリまで最新映像を織り込んで出すことになった。

私が多くの経験を積んできた国際ニュース、しかも時々刻々と動く事態を扱えたのは、恵まれたスタートだったかもしれない。〈クローズアップ現代〉が目指したのは、情報をせき止め、ニュースの底流にある意味と変化を見つめることだったが、刻々と動いている事態をタイムリーに伝えることも、番組の柱の一つとなっていった。

私の役割は何？

〈クローズアップ現代〉には、関係者全員でＶＴＲリポートを試写し議論する場、全体試写が放送前日と当日の二回ある。番組がスタートしたばかりの頃、私は放送当日の試写にしか参加していなかった。手元に渡されるのは、全体の流れが書かれている構成表とＶＴＲリポートの台本。この時点ではＶＴＲリポートにはナレーションも音楽も入り、ほぼ完成しているので、大きな変更を求められることは多くない。私は注意深くみんなの発言を聞いた。いつも最後に

「国谷さん何かありますか?」と聞かれたが、最初の頃は、この場で発言したかどうか覚えていない。それまで働いていた衛星放送の〈ワールドニュース〉では試写そのものがほとんどなかったので、この新しい打ち合わせの場は私にとってとても新鮮だった。

　しかし、構成表には、そのままでも放送できるキャスターコメント、ゲストとのやり取りがまるで台本のように書かれていて、私は次第に自分の役割について悩み始めた。内容に関して議論に加わることも出来なかった。議論以前に、「キャスターって、何をする仕事なのだろう？」という戸惑いのなかで、立ちすくんでいたのだ。どうしたら「この人に託してよかった」と思ってもらえるのか、どうやれば番組に付加価値をつけられるのか。私はこうした問いに向き合わざるをえなくなっていた。

　毎日の放送を乗り越えられるだろうかと、無我夢中で取り組んでいた衛星放送時代には意識しなかった悩みだ。同じキャスターという仕事にもかかわらず、こうした悩みにすぐ直面したのはなぜか。視聴者の数がはるかに多かったからでもなく、扱うテーマが経験したことのない分野が多かったからでもない。一言でいえば、粗削りだった場所から、研ぎ澄まされた恵まれた場所に移ったから。そんな感覚があった。

　私は海外生活が長く、日本の普通の教育は小学校を除くとほとんど受けていない。日本人ならば当然知っていることを、私は知らないのではないか。自分の捉え方は大多数の視聴者の見方と異なっていないだろうか。そうした不安を常に意識しながらの日々が続いた。

〈ニュートゥデー〉で経験した失敗はもう二度と許されない。そういう思いが強かった。スタジオでのゲストへの質問も、最初のうちはあらかじめきちんと書いて臨んだ。毎回、薄氷を踏むような気持ちで、恐る恐るカメラに向かっていた。

しかし、私の思いとは別に、番組はすぐに政界の激変に遭遇。よちよち歩きを始めたばかりの〈クローズアップ現代〉は、一気に硬派な色彩を帯び始めた。私は身の丈以上の大きな甲羅をまとい、ぎこちなく歩きだした。

初めての政治家インタビュー

報道の世界では予期しないことが起こるのが常である。ルーティンとしてこなすことが出来る、自分の足元がしっかりと固まったと感じる前に、政治の世界が大きく動いた。番組のスタートから二カ月あまり、羽田孜氏と小沢一郎氏が自民党を飛び出して「新生党」を立ち上げ、それまで三五年続いてきた自民党による一党支配、五五年体制が崩れていったのだ。

党を割って出た当日、羽田氏は各局に生出演し、〈クローズアップ現代〉にも出演することになった。私が最初にインタビューした日本の政治家だ。一九九三年六月二三日「新党結成・羽田代表の本音に迫る」。普通なら、番組の半分以上がVTRリポートで占められるところを、この日は二、三分のVTR以外はすべてインタビューで構成されることになった。

羽田氏を担当する政治部記者も私と並ぶ形で出演していたが、結果的にインタビューの中心は私が担うことになった。私は日本の政治家へのインタビューの経験がないばかりか、田中角栄元首相の金庫番と呼ばれていた金丸信氏に近い二人が、自民党を出て何を目指すのか見当もつかなかった。私は担当のプロデューサーとデスクに大いにサポートされて、「ヤミ献金五億円の疑惑をもたれた金丸さんの側近だったことをどう思っているか？」など、聞くべき厳しい問いを示してもらった。番組としてインタビューのスタンスがはっきりとしていたのが、とてもありがたかった。

スタジオの記者はあまり積極的に質問しなかった記憶がある。担当の記者はすでに十分に取材を重ねているがゆえに、生放送ではかえって当事者に客観的に聞きにくいのだろうかと思えた。なぜ今さら聞くのか、という顔をされかねないのだろうか。当時の私は、知っていればこそ一番厳しく問えるはずだと思っていた。

羽田氏は放送のなかで、スタジオの記者に対し、「君には長い間、言ってきたが」などと発言して、私は面喰らった記憶がある。私のように何も知らない、これまで何も接点がない人物のほうが、自由に尋ねることができるのかもしれない。疎んじられかねない質問も、かえって緊張感をもって聞くことができるのではと思えた。私は夢中で質問を続けた。

羽田氏はその日すべての在京テレビ局に出演していたが、ある新聞で「〈クローズアップ現代〉でのインタビューが一番良かった」という読者の声を見て、嬉しくもほっとした記憶がある。衛星放送の四年間で積み重ねてきたインタビューの経験。キャスターとして説明を求めたり、相手の人物像を浮き彫りにしたり、ニュースを深掘りすることでキャスターの存在感が示せる。いわば成功体験のようなものを、番組開始から間もない段階で少しでも経験できたのは幸運だった。自分はこの世界でも通用する力を持っているのかもしれない。そう思えて、背中を押された気がした。今から思えば、若気の至りだったのだが。

日本の政治家への初めてのインタビューは、日本のジャーナリズム、とりわけ権力のある政治家と記者との微妙な距離感、視聴者にはわかりにくい関係を肌で知る機会にもなった。それでも、このインタビューは羽田氏が自民党を飛び出した直後に行われたものだけに、とても自由な雰囲気で行われた。その後、私が経験した幾人もの政治家へのインタビューを振り返ってみれば、この羽田氏へのインタビューは貴重な経験となった。

羽田氏と小沢氏が自民党を割って新党を立ち上げたことをきっかけに、政治が一気に流動化した。〈クローズアップ現代〉の一年目の前半は、それまで三五年続いた自民党による一党支配が終わって連立政権時代に突入し、政治問題に明け暮れたという印象が強い。キャスターとして扱ったことがない分野ばかりだったが、とりわけ政治分野は公共放送が取り上げるうえでセンシティブというイメージが漠然とあり、経験のない私は政治が連日最大のテーマになるなかで戸惑った。しかし、私の戸惑いとは裏腹に、一九九三年七月二九日放送の「政権交代へ〜非自民七党首に問う」のように番組の時間を延長して討論を行ったり、次期総理大臣に決まっていた細川護熙氏のインタビューを行うなど、政治の地殻変動によって、新番組〈クローズアップ現代〉の存在感は高まっていった。

キャスターとして研修を一度も受けたことがなく、いわば実地訓練を積み重ねることで私なりにノウハウを積み重ねてきたが、NHKは思っていたよりも政治の伝え方において自由なのだという印象を、この時期私はもった。日々違うカラフルなテーマを扱う、機動力の高い、しなやかな報道番組という当初の狙いとは異なり、NHK報道の大舞台に急に押し上げられたように感じた。

時代の変化に背中を押されて

政治の地殻変動に加え、番組が始まった平成五年から、日本は激動の時代に入ったかのように次々と大きな変化が起きていた。経済面では地価の下落が二年続いた。それまでは一年下がっても次の年は上がっていた地価が、初めて連続して下落し、バブル崩壊の痛みが目に見える形で現れ始めた。その年の秋には、日産自動車の座間工場の閉鎖が伝えられた。圧倒的な輸出競争力をもっていた日本の製造業に陰りが見え始めたのだ。

一九九三年一一月二四日「人員削減・その時企業は~リストラ最前線の取り組み」、翌二五日「突然の退職勧告~雇用調整・狙われる中高年管理職」。番組ではこの時期、ホワイトカラーのリストラを取り上げたが、それまで日本企業の強みとされ、安定雇用の象徴でもあった終身雇用制度が崩れていくことが、私には信じられなかった。キャスターになる前の一九八〇年代、「ジャパン・アズ・ナンバーワン」などと言われていたころ、私は海外から日本を訪れる記者をサポートするリサーチを行っていた。そのころ、欧米の記者たちはこぞって、社員の会社に対する忠誠心を高める日本独特の雇用昇進制度が、日本企業の強さの背景だとリポートしていた。その当時は企業も、リストラをするのは経営者として恥ずかしいことという認識だった。その後、次第に体力を失っていくなかで、人だけでなく設備や資産のリストラも次々と行われ、いつしかリストラが出来る経営者が有能という空気が生まれてきていた。

政治の世界でも経済の世界でも、それまで当たり前だったことがそうでなくなってきた時代。そのなかでワンテーマを深く掘り下げる連夜の報道番組としてスタートした〈クローズアップ現代〉は、とても時宜にかなった番組となった。既存のパラダイムから外れ大きく変化していく時代の様相は、日々のニュースでは十分に伝えきれない。三〇分という時間枠をもった〈クローズアップ現代〉は、深く掘り下げなければ全体像を捉えることができない時代背景のなかで、その存在意義が認められていった。誕生して間もない番組が、NHK内で一気に重要な位置を占めることになった。

大きなチェンジのときには、ニューカマーでもレイトカマーでも追いつける。本格的な競争社会やグローバリズムの波が日本社会に入ってきた地殻変動のときに、〈クローズアップ現代〉も、そして私自身もスタートラインに立った。そして、そこからのロケットスタート。番組は変化する時代に向き合うことになり、そして、その変化を伝えるのが、キャスターとしての私の仕事だった。転機の時代が、私自身にも大きな転機をもたらしたように思える。

企業には、社員を組織のなかで昇進させていくことで仕事に対する責任を次第に与え、自覚を促していく装置がある。しかし、フリーランスの身として働いている私には、その装置は無縁のものだ。自ら仕事へのモチベーションを維持し高めつつ、仕事への責任を自覚していくプロセスを一人でたどっていく。時代の変化が、私の背中を押してくれた。

初めての震災報道

一九九五年一月一七日早朝、知人からの電話で起こされた。

「大地震が関西で起きたようだけど、ご家族大丈夫⁉」

私はすぐに家族と連絡をとり、無事を確認した。いち早く大震災が起きたことを知らせてくれたおかげで電話が通じ、その後は落ち着いて報道を見守ることが出来た。

横倒しになった高速道路、炎上する被災地。信じられない光景が次々と飛び込んできた。私には大災害を伝えた経験はなかった。ニュース時間が延長されたため、〈クローズアップ現代〉の放送は二日間なかった。震災発生の翌日、新幹線と船を乗り継いで神戸に入った。衝撃だったのは、テレビで伝えられていたよりもはるかに被害が深刻だったことだ。テレビでの報道は被害の最も大きい場所を捉えていると思っていたが、歩けば歩くほど次々と倒壊した住宅が現れ、一つのフロアが押しつぶされたマンションもあった。被害があまりにも甚大で、テレビの映像だけでは全体像をとても伝えきれないことを実感した。

言葉にできない悲しみに襲われたのが、火災で一帯が焼失した長田区だった。火は消し止められてはいたが、地面はまだ熱を帯びていた。そこは一面の焼け野原だった。地域のあちこちで人々が跪き、お線香をあげて手を合わせていた。すべてを失った人々の喪失感、そして助かったかもしれない肉親を助けられなかった苦しい悲しみが強く伝わってきて、涙が止まらなかった。

〈クローズアップ現代〉は、阪神・淡路大震災が起きた三日後から大阪のスタジオをベースに九本連続して番組を放送した。被害の全貌はまだ明らかになっておらず、警察から毎日発表される犠牲者の数は増え続け、余震も頻発していた。

一九九五年一月一九日「なぜ多くの命が奪われたのか~兵庫県南部地震」、この震災後最初の放送をいま見返してみると、災害報道の経験がほとんどないなかで大災害を伝えることになり、私は落ち着かない様子で声も上ずっている。亡くなった人の多くが倒壊した建物の下敷きになり、犠牲になっていた。肉親を失った大勢の被災者を目の当たりにして、この大災害をどのような言葉で伝えるべきか、私の戸惑いは大きかった。

被害状況が次第に明らかになるなか、いつものようにしっかりとした試写や打ち合わせを行う時間はない。番組は緊急に作られ、すぐに生放送に突入していた。混乱した状況にある被災者のことを考えると、さらなる被害を防ぐために出来るだけの注意を喚起したり、悲しみに向き合う人々の気持ちに寄り添い、また必要な情報もきちんと届けたい。様々な感情がないまぜになっていたことを憶えている。混乱した事態だからこそ伝え手には冷静さが求められる、と自分に繰り返し言い聞かせていたと思う。

一本目の放送を出した後、週末を迎え、被災した知り合いに食料品を届けるため、私は西宮へ向かった。電車が止まっていたので線路沿いを歩いた。多くの人々が被災地に向かって歩いていた。店はほとんど閉まっていて、開いているコンビニの店頭には商品がほとんどなかった。一緒に東京から来ていた女性スタッフは、避難所に行き、水がなくても出来るシャンプーのボランティアをしていた。

被災地を歩きまわり、被災した人たちと話し、被害の実態を肌で感じたことで、私は災害に見舞われた人々のことをかなり落ち着いて伝えられるようになったと感じた。メディアは災害が発生するとカメラとともに現場に飛び込み、被災者の取材をする。被災した人々の立場にたって伝えることが災害報道では求められるが、キャスターである自分にその資格があるのか。そう問いかけられていると感じていたように思う。

大阪のＮＨＫと被災地との間を行き来しながら放送を出し続けるなか、高熱に見舞われたこともあったが、私は絶対に休みたくなかった。心配したチーフプロデューサーが代役キャスターをすでに決めていたが、私は「大丈夫だから」とカメラの前に立った。

日本は地震に強い国と誰もがいつの間にか思い込んでいたなか、高速道路が無残に横倒しになり、マンションやビルも倒壊、インフラも動かなくなるなど、阪神・淡路大震災は日本社会の安全神話を崩し、メディアに関わる私たちに様々なことを問いかけていた。また一方で、災害発生から早い段階で被災者の方々が自ら避難所を動かし始め、大勢のボランティアが被災地に入って活躍するなど、被災地での様々な活動によって勇気づけられる状況も生まれていた。被災地の生々しい被害、すべてを失った人々の深い悲しみに触れたことで、「私が伝えてもいいのだろうか」という躊躇は次第に薄れていった。

第4章

キャスターの役割

9・11 同時多発テロ．ニューヨークの現場から

キャスターとは何者か

視聴者の方からの手紙や番組へのご意見のなかにはたびたび、私のことを「国谷アナウンサー」とおっしゃる方がいたが、実際には私はNHKのアナウンサーではなく、職員でもなかった。NHKと出演者契約を結んで「キャスター」という仕事をしてきた。

いまでは、娯楽番組にもキャスターと呼ばれる人がいるが、もともと日本でキャスターという呼び方はニュースにおいて使われ始めた。最初にキャスターという存在が認識、と言うと大げさだが、キャスターという言葉が使われ始めたのは、一九六二年。それまではニュースといえばアナウンサーが伝えるものだったが、TBSが〈ニュースコープ〉という夕方のニュース番組の伝え手に、アナウンサーではなく共同通信から転身した記者出身の田英夫《でん》さんを起用して「ニュースキャスター」という呼び方をしてからではないかと言われている。

アナウンサー以外の人がニュースの伝え手になったとき、その呼び方として登場したのがキャスターだったようだ。ちなみに、このキャスターという言葉は和製英語。アメリカのニュース番組では「アンカー」と呼ばれている。番組を視聴者に届ける最終ランナーという意味なのだが、取材に飛び回るのではなく、スタジオに錨（アンカー）を下ろしている存在という意味も込められているかもしれない。

その田さんの後を継いだのが、一九七五年度の日本記者クラブ賞の受賞者である古谷綱正さんだ。受賞理由は「わが国の草分け的ニュースキャスターとして活躍した。二〇年にわたる新聞記者の経験を生かし、テレビ報道の信頼性を高めることに貢献」となっている。

その後、NHKでも一九七四年に〈ニュースセンター9時〉に同じく記者出身の磯村尚徳さんがキャスターとして登場し、個性的なコメントとともに新しいキャスターニュースのスタイルを確立していった。そして、磯村キャスター登場から一一年後の一九八五年、元TBSアナウンサーの久米宏さんが〈ニュースステーション〉の主役として登場したとき、彼はもうアナウンサーとは呼ばれずにキャスターとして華々しい登場をしていた。

ニュースキャスターが生まれるまでは、アナウンサーがニュース原稿を正確に読み伝えるのがニュースの基本だった。ニュースキャスターの登場は、放送局という送り手と、視聴者という受け手の間のパイプ役を強く意識することにより、話し言葉による伝達という大きな一歩をニュースの世界に持ち込むことになった。しかし、このことは一方で、ニュースという客観性の高い世界に、「個性」や「私見」という新しい要素、いささか厄介な要素も合わせて持ち込むことにもなった。

私がキャスターの世界に飛び込んだのは、まさにそのニュースキャスターが確立、定着してきたときだったが、もちろん当時の私は、そんなことを知るよしもない。偶然のめぐりあわせと幸運によって、そのキャスターという仕事につくことになったのだった。

クローズアップ現代の構成

〈クローズアップ現代〉は、一貫して、ほぼ同じ構成をとった。まず、短い映像とコメントによるテーマ紹介、それに続くキャスターによる「前説《まえせつ》」というコメント。そのあと、VTRリポート①、そしてスタジオゲストとキャスターの対談（ゲストトーク）、VTRリポート②、そして再びゲストとキャスターの対談で番組を締めくくる。番組開始の頃、放送時間が二九分あったときは、もう一つのVTRリポート③とスタジオ対談のパート③があった。開始八年目に二六分番組になってからは、VTRリポートは二本が基本形になった。起承転結だった番組が、三分短くなったことで「起承結」となり、番組構成の面白み、深みが少しなくなったように私には感じられた。

なかにはVTRリポートの①と②が一本化されて、ゲストとの対談も一回だけという構成のときもあったが、この「キャスターコメント」＋「ＶＴＲリポート」＋「ゲストトーク」という三要素による番組構成は二三年間変わらなかった。むしろ許していなかったと言っていいほど、不文律として頑なまでに守られていた。

その理由は、〈クローズアップ現代〉にとって、視聴者にその日のテーマについて多角的に伝えられるかどうかが最も大切なことと考えられていたからだ。ディレクターや記者たちによって制作されたＶＴＲリポートにキャスターとしての視点からコメントを加え、また様々なゲスト、そのテーマにふさわしい専門家が多いのだが、その方が彼なり彼女なりの視点からコメントしていく。ＶＴＲリポート、スタジオゲスト、キャスターという三角形で番組を構成するというのが番組の手法だった。目に見えることを現場でＶＴＲに収め、ゲストの見識で立体的に見せ、キャスターである私が視聴者の立場や、ときには同じ専門家でも異なる見解を持つ人の意見をぶつけるという形なのだ。そうすることで、そのテーマの持つ多様性、多角的な要素を、そして結果として、テーマの深さを浮き上がらせようとした。ゲストトークやキャスターコメントを重視した「言葉を大切にする番組」という狙いが、この構成には込められていた。

番組を続けていくなかで、私には次第に、時代感覚を言葉にする力(コメント力)と、ゲストに向き合える力(インタビュー力、聞く力)を研ぎ澄ますことが、キャスターの仕事であることが見え始めてきた。

キャスターの役割＝視聴者と取材者の橋渡し役

一口にキャスターと言っても、いまや多くの方がキャスターとして活躍しており、その役割、仕事の中身は様々だ。私のこれまでの経験や積み重ねから、といっても試行錯誤の連続がその実態だが、私なりに筋道をたてると、大きく言って、キャスターには四つの役割、仕事があると思って仕事をしてきた。

一つめは、視聴者と取材者との間の橋渡し役ということ。二〇一一年に日本記者クラブ賞をいただいたが、その受賞理由に「ニュースの現場と視聴者を結びつけるメディア(媒介者)の役割を果たすテレビジャーナリスト」という文章がある。キャスターとして当然の役割ではあるのだが、その橋渡し役、これがなかなか難しい。

週四回の放送ということもあって、私は記者やディレクターのように現場の取材はなかなかできない。このため、様々な資料にあたることで、そのテーマについて自分自身の納得が得られるように、かなりの勉強と準備をした。毎週、木曜日の番組終了後、私は、両手に翌週放送分の資料やVTRがいっぱい詰まった紙袋を持って自宅に帰っていた。

スタッフとの議論や様々な資料にあたることで、自分自身への納得、細部へのこだわりとともに忘れてはならない大きな時代の文脈が浮かび上がってくる。しかし、準備に時間は費やしつつも、最初に浮かんだ疑問を最後まで忘れずに視聴者の目線に立ち続けようと次第に思うようになった。今から考えれば不遜な気持ちだったかもしれないが、私の知らないことは多くの視聴者も知らない、むしろ最初に抱いた疑問を大事にしようと思うようになっていった。

そう思えると、放送へ向けての様々な議論のなかで、恥ずかしくなく疑問を口に出せるようになった。最初に浮かんだ疑問を制作担当者やゲストにもぶつけることで、出来うる限り視聴者の目線に近いところに立ち続ける。わからないことは番組では話せない、という気持ちと姿勢が私のなかで育っていった。

テーマのすべてを知る必要はない。むしろ最初に抱いた疑問を忘れないようにする。もの知りになってしまうと視聴者との距離が離れる。そうすることで初めて、取材者と視聴者を結びつける橋渡し役が可能になる。

何も知らないで番組に臨むというのが視聴者目線だと思う方もいたが、それはやはり違う。視聴者目線でありながら、複雑なこともより深く、俯瞰して見るキャスターは、素人であってはいけない。視聴者のなかには、番組のテーマのことについてまったく知らない方もいるだろうし、一方ではテーマについてよく知っている方もいて、「なんでこのことに触れないんだろう?」と思う方もいる。だから、専門分野の人が見ても、的確に問題点は押さえていると思ってもらいたいし、そういう番組であるべきだと思っていた。キャスターとしてのプロフェッショナリズムと、目線の置き方としてのアマチュアリズムをあわせ持つこと。アマチュアとプロフェッショナルの共存は難しい課題だった。

そして、この橋渡しは言葉で行われる。映像が直接的に視聴者の感覚に飛び込むのに対し、キャスターはあくまで言葉を媒介にして視聴者に向き合うことになる。この差はとても大きい。

キャスターの役割=自分の言葉で語る

二つめのキャスターの役割は、「自分の言葉」で語ることだと思ってきた。しかしそれは、「個性」を打ち出すことや「個人の主観」「私見」を語るということではない。さきほど触れたように、原稿を正確に伝えるアナウンサーによるニュースに代わり、キャスターが前面に立ったニュースが大きな影響力を持ってきたときに問題となったのは、キャスターの「個性」や「コメント」が、これまでのニュースのあり方と齟齬をきたすのではないかという批判だった。

しかし、私の言う「自分の言葉」は、個性の発揮でもなければ、まして主観を述べることでもない。視聴者の一人ひとりに向き合って自分自身が納得したことを語りかけたいと思うとき、その言葉は「自分の言葉」にならざるをえない。むしろ、そうでなければならないと思うのだ。

番組が伝えたいテーマや事実が持っている重さや熱のようなものを伝えるためには、私自身がその重さや熱を実感し、そのことを自らの思いとした上で、視聴者に自分の言葉として投げかける。そういうプロセスを大事にしたいと考えているのだ。私はそれを主観とも、私見だとも思わなかった。

〈クローズアップ現代〉では毎回、番組の最初のほうで一分半から二分程度の「前説《まえせつ》」と呼んでいるキャスターコメントがある。これは番組全体で何を伝えたいのか、なぜこのテーマを取り上げるのか、そして今日はどういう切り口でテーマに迫るのかを、わずかな時間で伝えるという、キャスターである私にとって最も重要な仕事だった。

私はその語りのなかに、放送にいたるまでの制作に関わってきた番組担当者たちの様々な思いや、議論の積み重ね、資料やゲストの著書などを通して浮かび上がってきたそのテーマの持つ課題の重さ、言い換えれば、テーマから発せられる「熱」のようなものを、視聴者に実感してもらえるよう、「自分の言葉」で提示したいと思っていた。この「前説」については、第6章でさらに詳しく触れたい。

キャスターの役割＝言葉探し

三つめのキャスターの役割は、「言葉探し」だ。

現代社会の複雑な断面を取り上げる〈クローズアップ現代〉のキャスターにとって、社会のなかで起きている新しい出来事を新しい言葉により定義して使用したり、使い慣れた言葉に新しい意味を与えることで、多様化している視聴者に共通の認識の場を提供していくことは、重要でとても大切な役割だ。

新しい事象に「言葉」が与えられることで、それまで光が当てられずにきた課題が、広く社会問題として認識され、その解決策の模索が急速に進むということがある。例えば「犯罪被害者」という言葉。〈クローズアップ現代〉は一九九四年九月七日放送の「殺された夫 残された私〜犯罪被害者たちのその後」以来、継続して諸澤英道常磐大学学長をゲストに、犯罪被害者をテーマにした番組を放送していた。その数は一一本を数える。刑事事件の被害に遭った人々や遺族は、それまでは加害者が起訴されたかどうかも知らされず、また裁判の日程も伝えられていなかった。そうした犯罪被害者たちが、平穏な生活を奪われ、十分な支援を受けられずに苦しんでいる実態を見つめ、必要としている施策を番組は伝え続けていた。この一〇本を超える一連の放送が刑事裁判制度の見直しにもある程度の貢献を果たしたと思えるのは、まさに「犯罪被害者」という言葉そのものを、その具体的な意味するところの実態を含めて繰り返し使用したからだ。そうすることで「犯罪被害者」という存在の社会的な認知を得ることが出来、施策検討の土俵作りに一定の役割りを果たすことが出来たのではないだろうか。

また、「ウーマノミクス」という言葉。二〇一〇年から、〈クローズアップ現代〉では、女性の働き方についてかなり意識的に取り上げ、二〇一一年一月一一日、新年最初の放送は、七三分に拡大した「ウーマノミクスが日本を変える」という番組だった。そのなかで初めて「ウーマノミクス」という言葉を使い、その後もこの言葉を積極的に使ってきた。女性が男性とともに同じように活躍できるようになれば、経済の競争力も高まり、経済成長も期待できるということを端的に表す言葉だ。もともとは、キャシー松井さんというゴールドマン・サックス社のエコノミストの方が使い始めた言葉だが、この言葉を番組で積極的に使用し、女性こそが今後の日本を救う主役になりうることを様々なリポートで伝え続けた。

二〇〇六年四月、詩人の長田弘さんと対談したときに、長田さんは「ニュース番組というのは、そのときまではなかった出来事を前にして、それをどう言い表わすかという言葉を見つけないと届かない」と話された。まさにその言葉を見つけて発信していくのがキャスターの仕事なのだ。そのときの長田さんとの対話の一部を採録する。

国谷「言葉の重要性を忘れさせてしまうようなテレビで、今、言葉はむしろどんどん重要になってきている。一見わかりやすく見えることが、実は、非常に複雑になってきている、そのことを、キャスターとしてどうやってどのような言葉で伝えることにより関心をもってもらうのか。……それは大きな課題ですね。」

長田「おどろくほど映像も増え、呆然とするほど情報も増えた。にもかかわらず、テレビの根っこのところにあるのは、やはり言葉です。それも、喋り言葉です。だからみんな以前よりも決定的に言葉で判断するようになったと思うのです。」

国谷「本当に言葉が大事になってきているのに、まだ十分な言葉をつくりだせていないのですね。」

（中略）

長田「トーク番組やバラエティ番組に求められるのが手持ちの言葉をどうあやつるかということだとすれば、ニュース番組というのは、そのときまではなかった出来事を前にして、それをどう言い表わすかという言葉を見つけないと届かない。というのも、ニュースというのは、情報と同時に、概念を提示しないといけないからですね。概念を提示するというのは、概念は言葉によって提示されるのですから、どういう言葉で語られるか、語られたかということが、すごく重要です。」

国谷「どの言葉が当てられるかによって、その映像と言葉が結びついたときの記憶は変わってくるでしょうね。」

長田「言葉一つで、一切が一変することだってある。ニュースの言葉は、ニュースのいわばハンドルなんじゃないでしょうか。実際、言葉次第で、ニュースのニュアンスというのはがらっと違ってしまいますね。」

国谷「過去、社会の価値観になかった、犯罪被害者の問題でも、この一〇年ぐらいのあいだにずいぶん変わりました。今はもう犯罪被害者の権利は当然になりましたけれども。でも、被害者の立場になってみれば、犯罪者が起訴されたことを伝えてもらったりするのは、本来当たり前のことなのです。犯罪被害者という言葉ができることで、この当たり前のことが普遍化、常識化することに繋がったのです。セクシャル・ハラスメントでもそうです。言葉ができると、モヤモヤしていたものが、すっきりと理解できるようになるのです。自分の問題として考えることも受けとめることもできるようになります。」

長田「不明瞭なものに、言葉は概念をあたえていく。」
国谷「そうですね。新しい事象を新しい言葉で定義し、使用して、多様化している視聴者に共通の認識の場を提供する、このことが「クローズアップ現代」のような報道番組の大事な役割だと思って取り組んでいます。」

(『問う力——始まりのコミュニケーション　長田弘　連続対談』みすず書房より)

報道の言葉は、新しい事実や、不確かなこと、不明瞭なものを明確に言い表すことが求められる。つまり新しい事象から新しいコンセプトを取り出し、新しい言葉を生み出さなければならないのだ。ただ、第6章のなかの「言葉の力と怖さ」で触れるが、ある新しい事実を、わかりやすい言葉で伝えようとするとき、それは両刃の剣になることにも注意しなくてはいけないのだが。

二〇〇一年の9・11同時多発テロ事件は、私にキャスターが果たす言葉探しの役割を改めて自覚させることになった出来事だった。事件発生翌日の打ち合わせで私は、「ブッシュ大統領は演説で“We are at war.”と言って戦争を宣言したが、アメリカはその敵が誰なのか見えていない」ということを番組冒頭の前説で言うつもりだと話した。九月一三日の放送当日、番組のタイトルは「見えない敵〜同時多発テロの衝撃」となり、番組は「見えない敵」という言葉を核に進行していった。

まだ混とんとしていた事件の捉え方や、制作担当者の皆が感じ、番組で伝えたいと思っていることを、ひとつの言葉として表現できたという思い。時代感覚を、言葉を通じて視聴者に橋渡し出来たのではとの充足感もあった。それは与えられた仕事をこなすだけでなく、番組に自分なりの付加価値をつけていく「言葉探し」という役割を自覚できた充足感であったかもしれない。同時にそれは、私が仕事に責任を負う覚悟を持てたということだった。あの番組を思いだすと、私はあのときキャスターという仕事の階段を一段上がれたのでは、という気がしてくる。

細分化する言葉

現在の日本社会は、言葉での伝達が難しくなってきた。それが〈クローズアップ現代〉を続けながらの実感だった。テレビの視聴も、家族による視聴から、一人ずつでの視聴になった。そのことでテレビによる記憶の共有化が希薄になり、テレビが公共の場、コミュニケーションの場をつくり出すことが困難になっている。

以前、作家の村上龍さんが、「国民という言葉をひと括りにして、すべて同じもののようにメディアが伝えるのは、高度成長期の名残ではないか」と私との対談のなかで指摘された。私はそのとき、「フリーター」という言葉を引き合いに出した。フリーターのなかにも、不安を抱えている人もいれば、そういう働き方に前向きな人もいるだろう。私もできるだけ詳細に分類して表現し、伝えようと努めている。しかし、あまり細かく分類しすぎると全体が見えなくなる。そういうジレンマのなかで仕事をしている、と村上さんに答えた。細分化する言葉と共通の理解を促す言葉、この一見相反する言葉の伝え方はとても難しいのだが、絶えず挑戦すべき課題だと思っている。

そして、四つめのキャスターの役割が、インタビュー。発言そのものがニュースになる魅力的な時の人や、専門家から飛び出す貴重な発言や宝石のような表現の数々。そして、公の場では見せない表情や、ちょっとした会話のなかで浮き上がってくる意外な人物像も、インタビューの魅力である。その言葉や表情を引き出すインタビュアーとしての仕事がキャスターの重要な役割だ。この四つめの役割を私はとても大切にしてきた。第7章以降で丁寧に書いていくことにしたい。

第5章

試写という戦場

全体試写の場で

クローズアップ現代が放送されるまで

第3章で触れたように、〈クローズアップ現代〉はNHKのなかでとても開かれている番組で、様々な部署が提案を寄せる。そして、集まってくる提案を採択するのは基本的には編集責任者（編責）だ。採択の基準は、なかなか一言では言えないが、「今を映し出している鏡」となりうるのか、「視聴者の知りたいというニーズ」に応える提案なのかということなのだろうが、なかでも新しい息吹を感じさせてくれる鮮度の良い番組提案が歓迎されていたように思う。

もちろん、大事件、大災害など、提案を待つまでもなく編責判断により、予定されていた番組が差し替えられて放送されることも多い。一九九九年三月二四日放送「海上警備行動の決断〜不審船に警告射撃」のように、その日の未明に起きた事件をその当日に放送したこともある。そうした柔軟性も求められていたが、きちんと情報をせき止めて多角的に伝えるには取材がまだ追いついていないと編責が判断したときは、潔く放送は断念した。事件だから災害だから必ず放送するという姿勢はとらなかった。

こうした緊急事態ではない通常の制作では、提案が採択されると担当ディレクターや取材記者は、全体の構成を検討しつつリポート取材に入り、ある程度進んだところでゲスト探しや、その方との打ち合わせも同時に進める。取材が終わるとＶＴＲリポートの編集作業。これが平均で五、六日ほどかかる。節目節目でプロデューサーとディレクターが何度も編集中のＶＴＲ試写を繰り返しながら議論を詰め、リポートを制作していき、放送前日の「全体試写」を迎えることになる。

この前日試写で初めて、編責、番組デスク、担当プロデューサー、取材したディレクターや記者、それに記者セクションのデスクや管理職、編集デスク、音響効果など関係者一同が勢ぞろいし、そこに私も加わって編集が終わったＶＴＲリポートを試写しながら番組全体の最終的な構成を検討する。そして、ここでの議論をもとにして、翌日の放送に向けた仕上げ作業に、担当者たちはそれぞれの役割を果たすべく最後の力をふり絞っていくことになる。その意味で、この放送前日の試写は、〈クローズアップ現代〉の制作の核となる場だ。

二回の全体試写

編集機が並ぶ報道局の広い部屋の一角にある、大きなソファが二つと大きめのモニターがある試写コーナー。私はソファの横にあった硬い椅子に座るのが好きだった。その場所からは、ソファに座る人たちの表情がよく見えるからだ。

〈クローズアップ現代〉の「全体試写」は緊張の場だ。番組の制作担当者が、編責、関係部の責任者、番組デスクとキャスターを前にして、自ら取材し編集したVTRを見せる。まず担当者たちの自己紹介から始まり、ディレクターが本番さながらにスタジオ部分の進行も含めてプレゼンテーションをしていく。読み上げられるコメントに全員が耳を傾ける。緊張感がむしろ心地良い。番組のキャスターを務める私にとっても、全体試写は真剣勝負の場であった。

全体試写は二回ある。一回目が放送前日に行われる「前日試写」、二回目が放送当日に行われる「当日試写」だ。〈クローズアップ現代〉がスタートした最初の頃、私は当日試写にしか参加していなかった。そもそも放送前日に試写が行われていること自体知らなかったのだ。しかし、放送を重ねていくなかで、私のなかで次第に、番組内容の消化不良が激しくなってきた。このままではいけないと思っているとき、実は放送の前日にも全体試写があり、その場で重要な議論が行われていることに次第に気づき始めた。私は、前日試写にも参加したいと編責に申し出た。今のままでは、担当者たちのレベルについていけない。そう思われたからだ。

〈クローズアップ現代〉では毎日異なるテーマを取り上げる。前日試写は、番組のキャスターとして初めて、放送する素材と本格的に向き合う場だ。そして同時に、制作担当者の問題意識や思いに直接触れる場でもある。私には、担当者と同じように一本一本の番組に深く関わることは出来ない。しかし、制作者たちと対等に議論がしたかった。担当者が準備してくれた様々な資料、専門家の分析、スタジオゲストとの事前打ち合わせメモや著作など、資料をあらかじめ読み込んだ。そのうえで、自分が疑問に感じたこと、大事だと思った箇所に目印をつけて、試写に臨んだ。

前日試写の段階ですでに、担当者たちは何日も続いた長時間の編集作業でヘロヘロだ。しかし、この場で厳しい議論にさらされることになる。彼ら、彼女らが仕上げてきた取材リポートのＶＴＲをもとに、番組全体の方向性を確認し、視聴者に最終的にどんなメッセージを伝えていくのかを検討し決定する。

「こんなんじゃ、何もわからない」

「いったい何を伝えたいんだ？」

ＶＴＲリポートの試写が終わって、編責たちからの厳しい言葉が続く。もちろん、「面白い」「よく取材できている」という好意的な声が上がることもある。しかし、多くの場合、様々な注文が飛び交う。最終的に視聴者と向き合うキャスターである私も、自分で納得ができるよう、疑問や注文を投げかけることが多かった。

担当者たちは、寝ていないことも多く真っ赤な目をしている。自分が苦労して取材し、思いを込めて制作する番組に対して、あなたはどこまで真剣に向き合ってくれますか。そういう眼差しで私を見つめてくる。ひたむきに全身でぶつかってくる。その気迫は怖いくらいだ。

その真っ直ぐな思いは、番組の制作に直接関わっている記者や編集担当者をはじめ、全員が同じだったと思う。もし私が十分な準備をせずに試写に臨み、発言していたら、「あっ、国谷さんはこのテーマに関心持っていないな」とか、「なんだ、よく勉強してないんだな」と見抜かれてしまう。そう思わせてしまったら、担当者に失礼なことはもちろんだが、番組も私も求心力を失い、〈クローズアップ現代〉のすべてが劣化してしまうだろう。

お互いがぶつかり合い、最後の最後まで番組を良くしていきたいと思わなければ、良質で深い番組は生まれない。担当者のひたむきさに、私は十分に応えられるのか？　前日試写では、いつもそう問われていると感じていた。彼ら、彼女らの思いを真正面から受けとめられなくなったら、私はキャスターを辞めなくてはいけない。本当にそう思っていた。

キャスターとして発言する

ＶＴＲリポートの試写と番組の流れのプレゼンが終わると、編責が口火を切ってコメントをする。リポートをより魅力的に、あるいはメッセージをよりくっきりと出すためのアドバイスだったり、ゲストへの想定質問の変更を求めたり、建設的な助言が与えられていく。当事者同士が対立している問題で、一方の当事者しか取材できていない場合、もう一方の言い分をどのような形で伝えるのか。取材に応じた方のプライバシーへの配慮は十分になされているか。編責の眼は多方面に及び、最終責任者としての発言が続く。編責のコメントが終わると、その後は番組に関わる各部の責任者やデスクたちが発言する。立場上での発言なのか、それとも純粋に番組論として話しているのか。あるいは、危機管理の観点からの発言なのか。私は注意深く耳を傾ける。

大勢の関係者が並ぶ試写の場で、最後に発言を求められるのはいつも私だ。何を面白いと感じたか、何を発見と思えたか、わかりにくいところは何か。そもそも今回の番組で問題を提起する意味は何か。それまでに出た発言の意図や意味を、その発言者に尋ねることもある。

取材を進めるなか、担当者の思い入れが強いインタビューやシーンが次第に積み上がってくる。しかし、それらすべてを時間の限られたリポートの中に収めることは難しい。強い思いが込められたシーンを満遍なく入れ込んでいくと、かえってどのシーンも魅力的でなくなったり、全体のメッセージが希薄になったりする。

それは本当に必要ですか？

試写を見て頭の中に浮かんだ疑問は、どんな些細なことでも口に出すのが大切だと私は思っていた。オープンな場で議論のテーブルに疑問をのせることにより、どこかに隠れているかもしれない「地雷」や「事情」についての情報を得られることもある。「じつは背景にこんな人間関係があるから、こんな編集になっている」といった事情がわかれば、本番の放送中に差し障りのある発言が出ても、とっさにカバーできる。ギリギリ踏み込んでも大丈夫な境界も見えてくる。

疑問を口に出すことのもう一つ重要な点は、番組の制作に複数の部署が関わっているとき、立場上の綱引きがあり、必ずしも番組本位の発言がなされない場合もあることだ。十分に取材できていないにもかかわらず、組織の立場上、番組の一定時間をそのパートに配分させようとする場合もある。試写の場では、そうした組織に関わる構図が見えるときがある。

もちろん、取材を担当した部署としては人も時間もかけているのだから、アウトプットが大事という考え方はわかる。だが、それによって番組の焦点がぶれたりしないかと心配になる。だからこそ、疑問を率直に口に出すことが重要だ、と私は考えていた。組織を意識して分けられようとしていた時間配分が、試写の議論の場で率直に疑問を出した結果、内容本位の配分に修正されていくこともある。

取材を行った組織の内部事情により、当初予定されていなかった記者の出演が検討されることもある。その出演は必然的なものなのかどうか。それを議論するのも試写の場だ。また、試写されたリポートのなかには、構成上、本当に必要なのかと疑問に思われる企業や官庁のトップや幹部のインタビューが唐突に登場することもある。おそらく企業や官庁などへの取材を認めてもらうために、「トップにもお話を聞きます」という手法が有効な場合もあるのだろう。しかし、内容のある発言が引き出されているのならばまだしも、当たり障りのない発言しか取材できていないこともある。そんなとき、私はつい、「それは本当に必要ですか？」と聞いてしまう。いったん取材したトップのインタビューは、なかなか落とせるものではない。「人の苦労も知らないで」と、取材した担当者にはきっと恨まれたに違いない。

インタビューのシーンで取材相手の話の内容が乏しいとき、私は試写の場で、「質問をカットせずに、取材者がどんな姿勢で尋ねていたのか、わかるようにしてほしい」とリクエストすることもたびたびあった。そのように編集することで、取材者の問題意識が浮かび上がり、たとえ取材相手の答えが当たり障りのないものであっても、放送を見る視聴者にとっては、問題はどの点に潜んでいて、取材相手はなぜその点に対して正面から答えないのか、ということも十分に伝えるべき情報になるのだ。

一番伝えたいことは何ですか？

議論の場で私は、あくまで番組本位の視点から発言をし、質問をした。それには、私がNHKの職員ではなく、フリーのキャスターであったことが大きく作用したかもしれない。キャスターとして経験を重ね、その経験を踏まえて発言できるようになると、私の発言をきっかけに、問題のどの点に光を当てるのかをめぐって、活発な議論が始まることもあった。こういうときは、それまで黙って聞いていた若い記者やディレクターも議論に参加してくる。

若い制作者たちが取材を始めた最初の段階で抱いていた疑問や問題意識。私はそれを大事にしたかった。取材を重ねるうち、思うように現場が撮れなかったり、違った角度の問題に関心が移ってしまったり、様々な理由から、最初の疑問や問題意識がいつのまにか、うやむやになっていくことがある。試写を見ていると、そうした経緯などが伝わってくる。

私はたびたび、番組を提案したディレクターや記者に「一番伝えたいことは何ですか？　どんな想いで取材したいと思ったのですか？」と尋ねた。思うように取材の成果が出ずに、妥協を余儀なくされてしまい、本来伝えたかったメッセージがＶＴＲから伝わってこないのだろうか、と想像したのだ。また、よくあることだが、取材を進め、テーマについて熟知してくると、取材者の頭の中からいつしか、「視聴者はどう見るか、どう感じるか」という視点が忘れられていくこともある。「一番伝えたいことは何ですか？」という、いわば原点回帰ともいえる質問をきっかけに、制作チームのなかで収められていた議論が再浮上することもたびたびあった。

報道現場、番組の制作現場は、まだまだ男性中心の社会であり、女性はマイノリティだ。そういうなかで、私が一人の女性として参加していることは、もう一つ別の役割を果たしていたように思う。例えば、貧困化が進む女性たちの実態を捉えた番組の試写で、こんなことがあった。配られた構成表の番組タイトル案に「ガールズプア」と書かれていたのだ。私は非常に違和感を覚えた。託児所付きの風俗店で働く女性、通信制高校で学びながら早朝からコンビニで働く女性、三つの仕事を掛け持ちしながら貧困とたたかう一九歳の女性。彼女たちの姿が、果たして「ガールズプア」という言葉で括られてしまってよいのだろうか。この言葉に私はなにか女性たちが男性目線で扱われているように感じ、そう指摘した。これはど真ん中の直球を投げるべきテーマなのだ。番組タイトルは、「あしたが見えない～深刻化する若年女性の貧困」に変わった。二〇一四年一月二七日の放送でのことだ。

「時間軸」からの視点

番組が長く続くようになると、同じテーマが別のかたちで再登場してくることもある。こういうとき私は、自分の中に「時間軸」のようなものが出来ているのを感じる。これは、番組のキャスターを長年継続してきたことから自然に生まれてきたものだ。

自分の中に「時間軸」が出来ると、テーマの全体像が見えやすくなる。試写にかけられたものが、まったく新しいことなのか、それとも以前からあったことなのか。以前からあったが、以前は気にならず、今になって気になり始めたことなのか。あるいは、ただ放置されてきただけのことなのか。こういう様々な見方から、それまで見えていなかった視点が見えてきたり、より深刻な問題であることが認識できたり、従来にはない新しい課題であることが、より鮮明にわかることもあった。多角的な視点で議論されて、より現代にフィットしたテーマに生まれ変わる。取材された素材が、試写という場のなかで新たな視点や角度を獲得することで、より深まっていく。制作プロセスそのものから、新しいものが生まれてくるのだ。

二〇一六年二月二二日に放送された、「広がる労働崩壊〜公共サービスの担い手に何が」。この放送では、保育や建設現場などの公共サービスや公共工事を担う現場で、受注競争による価格の低下によって担い手の労働者の賃金低下が進み、経済的に追い詰められている状況とその打開策を描いた。

前日試写の段階では、番組タイトルは「広がる正社員ゼロ職場」となっていた。試写されたVTRリポートは、非正規労働者が増えている実態から説き起こされ、全体のまとめ方も、非正規社員化が進む公共サービスの現場での課題への指摘が中心になっていた。しかし、リポートに描かれた現場の実態は、非正規社員の増加という状況をはるかに超えていた。公共サービスを担う労働者は経済的に追い詰められ、労働そのものが崩壊しているのでは、という認識が試写の場で共有されていった。

自治体そのものが作り出す貧困。サービス低下につながりかねない担い手の質の低下。そのような状況を自治体が自ら招いていた。しかし、それを求めていたのは誰か？

私は、このテーマは、もう一つ大事な視点を踏まえるべきだと思った。非正規社員化の問題のそもそもの発端は、メディアも住民も含めた強い風、すなわち「自治体の無駄をなくせ」「非効率な業務を改革すべき」という強い風のなかで起きてきたことだ。そういう実態をきちんと踏まえた番組にすべきだと考えた。

これらの視点を併せて持つことの大切さを、私は試写の場で次のように指摘した。「自分も含めて、行政は無駄をなくすべきと言ってきたが、そのことが生み出す結果をどこまで見通していたのか。そのもたらされた結果として、この問題は受け止めなければならないのではないだろうか？」。

〈クローズアップ現代〉ではすでに、二〇〇八年四月七日にも、「官から民へ　揺れる委託の現場」というタイトルで、公共サービスの問題について取り上げていた。公共サービスの民間委託が進むなか、労働環境の悪化が起きていることを指摘した番組だった。その番組の前説を私は、次のように始めていた。「税金の無駄遣いを減らし、効率的に行政サービスを提供することは、言うまでもなく、とても望ましいことです」。そして、その陰で労働環境の悪化が起きており、自治体がコスト削減を求められるなか、雇用環境の悪化をどのように食い止めるかが課題だ、と続けていた。

しかし、その放送から八年がたち、労働者の非正規化は一層進み、経済格差も広がって、貧困層の拡大が大きな問題として浮かび上がってきていた。そのような状況のなか、再び同様のテーマの番組と向き合うことになったとき、試写の場で感じ、発言した内容を踏まえて、今回の放送での私の前説は、力点がかなり変化したものとなった。時間にしておよそ一分四〇秒。以下がその全文だ。

自治体が発注する工事やサービスに従事する人々にまっとうな生活ができる賃金が払われているのか、技能を持った人が育つ待遇になっているのでしょうか。公共工事や公共サービスをめぐってはこれまで繰り返し、非効率、税金の無駄遣いといった批判がありました。納税者から自治体に注がれる厳しい眼差し。さらに自治体の財政状況が苦しいなか、コストの削減や効率良く高い質のサービスが提供されることを目指して、公共サービスの民営化や民間委託などが積極的に進められてきました。コスト削減が重視されてきた一方で、生活者にとって大事な公共サービスの分野で働いている人たちに対して生活が成り立たない水準の賃金しか結果的に払われていないなど、雇用環境の悪化が表面化しています。こうした状況のなかでは、安全性やサービスの質が担保されない可能性があるだけでなく、それによって地域経済の活力が低下する要因にもなると懸念されています。自治体の発注のあり方が働く人や企業の雇用や経営環境の悪化をもたらしていないか、担い手が多様になるなかで、どうすれば高い質と効率の両立が実現できるのでしょうか。公共サービスを担う現場で、経済的に追い詰められる労働者の実態をご覧ください。

試写での議論を受け、手直しされて放送したVTRリポートには、二〇〇一年以降、政府が新たに進めていた規制改革会議の映像や、政府の推進してきた構造改革が雇用環境悪化の引き金となったとする、専門家のコメントも新たに取材され追加されていた。また、スタジオでのゲストトークで私は、公共サービスの市場化、そのための規制緩和がこの結果を生み出したのか、とゲストの大学教授に問いかけた。そういう大きな流れがワーキングプアを生み出し、社会全体での労働のダンピング化を促進したのではないか、との考えを放送に乗せた。

この番組の制作プロセスには、二三年間、キャスターを担当してきた私自身の反省と思いが込められている気がする。キャスターを継続し担当してきたことで生まれてきた「時間軸」からの視点によって、視点の力点、前説の力点が変化してくる。〈クローズアップ現代〉の歴史のなかでは、自治体の非効率性を指摘したり、経費の無駄遣いをたびたび指摘してきたことを踏まえれば、「その指摘が結果として生み出したものは何か?」という思いを忘れるわけにはいかなかった。

最後のバトンを受けて走り切る

こうして試写での様々な議論から、取材リポートの手直しの方向性、番組全体のメッセージの最終的な方向性、ＶＴＲリポートで不足している要素の確認と、スタジオゲストの果たすべき役割が見えてくる。

試写での議論をもとに、担当者は翌日の放送にめがけて、ＶＴＲリポートの手直し作業にかかる。そして、キャスターの私は、この試写での議論を通じて番組冒頭のコメント、「前説」で何を語り伝えるべきか、そしてゲストに何を聞くべきかに取り組むことになる。翌日、放送当日の一二時には、ふたたび同じメンバーが集合する二回目の全体試写が待っている。その「当日試写」を経て、本番へ向かう最後の準備に取り掛かることになる。

のちに何人もの制作者たちから、「〈クローズアップ現代〉は、あの試写こそが面白い」という声を聞いた。「あれは人材育成にもってこいだよ」とも言われた。若い担当者は、自分の取材してきたリポートに対して、様々な角度から意見をぶつけられ、批判的なコメントも浴びせられる。その結果、素材の価値を再認識させられ、踏み込み不足だった点が見えてきて、きっと悔しい思いをすることもあるに違いない。それでも、その場の議論から新しい視点が発見されたり、魅力的な編集方法が提示されたり、番組が深まりを見せていくプロセスには、〈クローズアップ現代〉の番組づくりのノウハウがいっぱい詰め込まれているのだ。

前日、当日と二度の試写を経て、最後に渡される私へのバトン。番組の最終走者であるキャスターは、そのバトンを受け取ったら、決してぶれずにメッセージを携えて走り切らなくてはいけない。試写の場で伝わってきた制作者たちの思いに背中を押されながら、放送へ向かっていく。試写は、私にとって番組づくりの原点だった。試写の議論の現場で見えた問題の深さを、どのようにしたら視聴者に投げかけられるのか。放送当日に向けて眠れないこともあった。

こうして、一日二回、翌日分と当日分の放送の全体試写を二〇年あまり続けてきた。テレビジャーナリズムの素晴らしい可能性も、またそれを損ないかねない危うさも、この「全体試写」という場に交差する。第9章で触れることになるが、「危うさ」の芽を取りこぼしてしまった、苦く痛切な経験もあった。しかし、〈クローズアップ現代〉の試写で繰り返されてきた議論は、その場にいた一人ひとりにとって、自分自身の納得に近づくための最も大事なプロセスであった。

自分が納得できないうちに放送を迎えてしまったら、自分自身を責めることになる。自分が納得していないうちは、話せない、伝えられない、テレビカメラの前に立てない。その思いで私は、試写という戦場に臨んできた。

第6章

前説とゲストトーク

NHK ヨーロッパ総局(ロンドン)で前説書き

「熱」を伝える

視聴者への問題提起としての〈クローズアップ現代〉。その番組の性格上、番組の冒頭に「前《まえ》説《せつ》」というものが置かれていた。

提案したディレクター、記者たちがテーマに込めた思い、取材の果実としてのVTRリポートで伝えたいこと、そして、視聴者の立場に立ったときに見えてくるであろう目線、あわせてキャスターとしての経験に基づく私の視点も加えて、コメントを練り上げる。前説はその放送で扱うテーマの、いわば土俵の設定であり、どの角度からテーマに迫るかを視聴者に明確にしておく役割を持っていた。

コメントは、短くて一分半、長くて二分半。私は、この前説の作成に二時間から三時間かけることもあった。書いては消し、消しては書きの連続。前説を書いている最中は、私には声もかけにくい雰囲気だったかもしれない。

関心をなかなか持ってもらえそうもない地味なトピック、あるいは多くの視聴者からは遠いテーマも、どうしたら観てみようという気になってもらえるか。キャスターとしても勝負所だ。

ホットなニュースで他の番組も繰り返し取り上げてきたテーマの場合、〈クローズアップ現代〉が伝える新しさは何か。なぜ取り上げる必要があるのか。最初のＶＴＲリポートに誘うための最低限の情報を織り込みながら、番組全体を俯瞰する内容を目指した。

入り口が狭く、一見小さく見えるテーマであっても、その先の影響の広さや背景の深さの気配を伝えたかった。そうすることで、視聴者の一人ひとりの想像が広がり、自分とつながっている問題であることに気づいてもらえるのではないかと思っていた。また、利害の対立したテーマを扱うときは、視聴者に対して、きちんと誰の目線で問題に焦点を当てているのか、あらかじめ提示することを大切にした。

第４章で書いたように、前説は自分の言葉で書かないと、「熱」のようなものが伝わらない。たとえたどたどしくても、キャスターが熱をもって話しているかどうかで、視聴者は関心のないテーマでも聴いてみよう観てみようという気持ちになると信じていた。ここが重要だとか、ここがちょっと難しいところだとか、まだはっきり見えていないところなど、どうしたら熱をもって伝えられるか。それがとても大事だと思っていたのだ。前説の語りに、放送に至るまでの制作者たちの様々な思い、全体試写での議論や多くの資料などを通して私が感じた思いを全力投入し、文脈として浮かび上がるようにした。

その思いはそもそも、番組が扱うテーマやその素材である事実が本来持っている重さから発せられているものだ。私たち送り手によって一度かみくだかれた事実の重みを、その発する熱とともに視聴者に伝えたいという思いが前説なのだ。その思いが強ければ強いほど、前説はくっきりしたものになる。前説を書くことで頭の整理が進み、そのあとの番組の流れ、スタジオパートの展開が自然に流れるようにも思えた。

報道番組のキャスターに求められているのは、いかに番組を、伝えるテーマをわかりやすくするか、ということなのかもしれない。しかし、前説は、そのためにだけ書かれてはいない。わかりやすく伝えるというよりも、きちんと伝えたい、問題の深さや複雑さを知ってもらいたいとの思いのほうが強かったように思える。問題の深さや複雑さがきちんと伝わるようにするため、言葉の使い方に力を注いだのだ。視聴者に共通の土俵に上がってもらいたいのだから、定義のしっかり定まっていない言葉を安易に使うと、お互いの理解が共通のものにならずに、思いがねじれてしまったまま番組が進むことにもなりかねない。

視聴者の理解を助けるために、前説に合わせて、図表、CG、映像を挿入することもあったが、前説のなかでポイントになるところは、きちんと私の正面の顔に映像を戻してほしいと注文した。視聴者にフェイス・トゥ・フェイスで伝えたかった。思いを伝えるためには目線を合わせて話すことが大切だと思っていたのだ。

言葉の力と怖さ

メディアにおける言葉の使い方は、極めて難しくなっている。前説も、放送を重ねるごとにますます難しくなっていった。第4章で書いたように、テレビ視聴の形は、家族団らんでチャンネル争いをしていた時代から、個人視聴が中心になった。キャスターの言葉も、これまでの大括りな使い方では通用しない、伝わらない時代になっている。非常に細分化され複雑化した現在を描くには、まず言葉の使い方を厳密に行った上で話を進めなくてはならないのだ。

二〇一五年七月二三日、安保法制をとりあげた「検証 安保法案 いま何を問うべきか」でのこと。担当ディレクターの書いた番組の構成表の書き出しは、「なかなか理解が進まない安保法制」という文章から始まっていた。この言葉は、たしかに新聞各紙をはじめ、メディアでも当たり前のように使われ、客観的な事実であるかのように流通し始めていた。「安保法制の理解は進んでいると思いますか」など、世論調査の質問にも使われ、「そう思わない」との答えが多ければ、そのことがまた「理解が進まない」という事実の裏付けとして使われることにもなった。

しかし、果たしてこの言葉の使い方は正しいのだろうか。「なかなか理解が進まない安保法制」という言葉は、文脈のなかでの置かれ方によっては、安保法制に反対が多いのは、人々の理解がまだ進んでいないからだ、という暗黙の示唆を潜ませることにならないだろうか。この言葉は、今は反対が多いが、人々の理解が進めば、いずれ賛成は増える、とのニュアンスをいつの間にか流布させることにもつながりかねないのではないだろうか。そういう言葉を、しっかりと検証しないまま使用してよいのだろうか、私にはそう思えた。

その日の番組で、この言葉は使わず、NHK世論調査に現れた安保法制に対する賛否の具体的な数字から前説を説き起こすことにした。些細なことのように思われるかもしれない。しかし、長い間の経験のなかで、言葉の力を信じるがゆえに、逆に言葉の怖さも経験していた。たとえ世に流布している言葉であっても、きちんとした検証もなく安易に使ってはならないと思えた。

数年前、「ねじれ国会」という言葉がメディアで頻繁に使われていた。衆参両院で多数派を形成する政党が、それぞれ別の政党となっている状態をさす。その衆参の「ねじれ」によって、法案の成立に時間がかかったり、成立が滞る事態が生じていた。しかし、この「ねじれ」の事態も選挙の結果の民意であることに変わりはない。問題なのは、「ねじれ」という言葉が、やはりある文脈のなかに置かれれば、この事態がなにか正常ではない事態、是正すべき事態を意味する言葉として流通してしまうということなのだ。そしてその「ねじれ」状態のなかで行われた参議院選挙も、「ねじれ」状態を解消することが正常化すること、つまり衆議院と同じ政党が多数派になることが「正常」であるとの見方を流通させることにつながったとは言えないのだろうか。これはある意味、投票誘導行為にもなりかねない。

言葉の持つ力は絶大だ。いったん流通し始めてしまえば、誰にも止められない。メディアは、そして私たちは、そのことにどこまで自覚的だったのか。一言でわかりやすくするための、いわば造語や言い換え言葉の持つ危うさが、「ねじれ国会」という言葉には象徴的に現れていると思えた。これは穿《うが》ちすぎだろうか。

こうした一見わかりやすい言葉が持つ効果、その言葉が結果としてもたらすものに、もっと自覚的になることが必要だと思える。逆に、このことがあまり問題にならない社会は、とても危うい状況にあるのではないかと。

フェアであること

ＮＨＫの報道姿勢そのものがニュースになり、そのことに関わるテーマをヘクローズアップ現代〉で扱う場合、議論を呼んでいるテーマをあえて番組で取り上げるのは、どのような判断に基づいているのか、ＮＨＫとしてのスタンスをきちんと視聴者に理解してもらうことが大切だ。

二〇一三年九月二四日に放送した「可視化はどうあるべきか～取り調べ改革の課題」は、警察や検察による取り調べを録音録画しておき、裁判の証拠とすることを可能にする、いわゆる取り調べの可視化をめぐる番組だった。厚生労働省の村木厚子さんが逮捕され、のちにまったくの濡れ衣を着せられたことが明らかになった事件をきっかけに、取り調べの録音録画の導入の本格的検討が始まっていた。

番組では、録音録画された取り調べ映像が無罪の決め手となった裁判の実例を取り上げ、検察が裁判所に提出し、法廷で公開された取り調べ映像を入手して紹介している。冤罪をなくす切り札とされる可視化の導入はどうあるべきかを考えるという企画だった。

じつは、この〈クローズアップ現代〉は当初、五カ月以上前の四月一五日に、村木厚子さんをゲストに招いて放送する予定だった。番組のホームページにも、その放送予告がいったん掲載されていた。ところが、〈クローズアップ現代〉に先立って四月五日に同じ取り調べ映像を使用したＮＨＫ大阪局制作の地域放送番組〈かんさい熱視線〉が放送されたことに対し、取り調べ映像の放送での使用は、裁判での証拠以外での使用、いわゆる証拠の目的外使用で違法性があるとの疑義が検察内で出された。そのことを勘案してか、〈かんさい熱視線〉で使用されたものと同じ取り調べ映像を使用することになっていた〈クローズアップ現代〉の放送は、「さらに取材を深める」という理由で延期されることになった。

〈クローズアップ現代〉での放送が延期されたこと、また検察がその後、NHKに映像を提供したとされる弁護士の懲戒請求を所属弁護士会に行ったことで、この問題は、様々なメディアで大きく取り上げられることになった。映像を提供したとされる弁護士もメディアの取材に対して提供の事実を認め、公益性が高く提供には正当性があると述べていた。メディアには検察の介入で番組延期といった文字が並び、報道の自由を損なう、との観点からも様々な指摘がなされた。NHKは、それらの報道を受けて、取材を深めるため放送を延期しており検察の動きとは関係がない、放送を中止したわけではない、また映像の入手先については答えられない、としていた。

当初の放送予定日から遅れることおよそ半年、九月二四日に、番組は放送されることになった。放送前日の試写には大勢の人が参加した。いつものように番組の冒頭から順番にディレクターがVTRリポートとスタジオでの想定やりとりを読み上げていった。試写に臨む前から私が一番気にしていたのは、番組の内容そのものよりも、半年間に及ぶ世間の注目の後、取り調べ映像を使用して番組を放送することについて、どのように説明するかだった。

担当者によって作成された番組の構成表の前説欄には、映像使用に関する記述はなかった。番組の出演者である司法担当の記者が、可視化を検証するために法廷で公開された映像を使用した旨を、映像の後のスタジオで触れることになっていた。

前日の全体試写では、VTRリポートやスタジオパートについて丁寧に議論され、多くの意見が出されていった。VTRの作りもスタジオの流れについても、私はとくに違和感を覚えなかった。しかし、取り調べ映像の使用についてのNHKの判断については議論のなかで出ないまま、発言の番が回ってきた。

私は、法廷に提出された取り調べ映像を放送で使用することについて、検察が問題視し、映像をNHKに提供した弁護士の懲戒請求を出していることはすでに広くメディアで報道されている、その映像を番組内で使って放送するのであれば、前説できちんとNHKの判断を説明してから番組をスタートさせたいと発言した。視聴者も当然、NHKの判断を知りたいと思うだろう。視聴者に向き合い、また視聴者の視点からも物事を捉える立場にあるキャスターとして、前説のなかできちんと説明することが求められていると思った。

しかし、試写での議論では、今回の〈クローズアップ現代〉のなかで、取り調べ映像についての取り扱いのあり方そのものに触れることは、まだ論議が不十分であり、また、検察が弁護士の懲戒請求を出したことについて触れることは、結果的にＮＨＫが自ら映像の入手先は、その弁護士であることを明らかにすることになるとの意見が出た。私は、どういう判断により映像を番組で使用するのかは視聴者に説明すべきだと思い、再度主張したが、情報源を報道機関自らが明らかにすることにつながるとの意見は、やはり重く感じられた。

最終的に、放送での前説のなかでこう語ることにした。

裁判に提出された取り調べの録画映像の取り扱いをめぐっては議論もありますが、取り調べの録音録画で何が変わるのか、効果そして課題は何か、それを検証していくために、今夜は録画した実際の映像も使用いたします。法廷で公開された映像を当事者のプライバシーに配慮してご覧いただきます。可視化が冤罪を実際に防ぎ、取り調べの問題を明らかにした実例です。

いま、経緯を追いながら当時の放送を見るとき、あの番組の前説で私は、取り調べ映像を番組で使用する判断について、法廷証拠の目的外使用の禁止という法律上の規定は、公益性の高い報道目的の使用にも果たして当てはまるのかと、視聴者に問いかけるべきであったと思う。報道の自由という観点からも入手した取り調べ映像を使用しますと、なぜ言えなかったのか、それを悔やむ。

キャスターとしての視点

番組を進めていくうえでの視聴者像は、「一般の人々」という抽象的な存在ではなく、一本一本の番組のテーマに即して、そのテーマによって具体的に影響を強く受ける人々をイメージしていたことが多かった。それは極めて限られた人々の場合もあった。例えば、無戸籍者の問題を扱うときは、やはり無戸籍者の立場を第一に考えた。無戸籍者の方はこの番組をどう見るか、第一の視聴者はまさに無戸籍者の人たちだった。他方、国際問題を扱うときは、日本全体の人々をイメージした。沖縄の基地問題であれば、やはりその負担を一番強いられている沖縄の人々を第一の視聴者として思い浮かべる。

しかし、テーマに直接関係のない人は、蚊帳の外に置かれてしまうのか。もちろん、そうではない。いかに同じ土俵の上に立って観ていただけるのかは、強く意識していた。たとえ直接自分に関係のないテーマであっても観ていただける視聴者の存在を信じ、またその方々に支えられているという思いで、番組を続けてきた。

どのような視聴者像をイメージするかは、キャスターとしての視点をどこに据えるのかという問題にも関わってくる。二〇一五年四月二日放送の「最後の同期会〜沖縄戦・ひめゆりたちの七〇年」は、〈クローズアップ現代〉の戦後七〇年企画の第一弾として位置づけられていた番組だった。一二万人の沖縄県民が犠牲になった七〇年前の沖縄戦。その象徴として語られてきた「ひめゆり学徒隊」であった当時の沖縄県立第一高等女学校の四年生三八人の方々が、八六歳になったこの年、同期会を開いた。番組では、この同期会に集った人々の沖縄戦と、その後の七〇年を描いた。同期生のお一人で、ひめゆり平和祈念資料館館長を務める島袋淑子さんへのインタビューも含め、沖縄からの放送となった。

沖縄へ行く前、東京での試写で議論となったのは、現在まで続く沖縄の米軍基地、とりわけ最大の課題になっている辺野古の基地建設問題について、島袋さんへのインタビューで触れるかどうかだった。私は、沖縄から放送するということを重視したいと発言した。

沖縄に行き、沖縄の戦中戦後を見つめる番組を放送する以上、沖縄県民の視点から見れば、戦後七〇年にわたり沖縄の痛みとなってきた基地問題、そして現在最大の問題である辺野古の基地建設問題を避けて通るわけにはいかないと思う、そう発言したように記憶している。

この発言に対して、辺野古問題は賛否が分かれている問題であり、今回の番組の趣旨とは異なる、また沖縄の側に立った視点だけで扱うのはよいのかとの発言も出た。しかし、事前の取材によれば、ゲストの島袋さんは、自らの凄惨な経験や沖縄の戦後を踏まえて、戦争の準備がいったん始まったら止められない、との皮膚感覚とでも言うべき危機意識を持っている方と聞いていた。その思いはぜひ大事にすべきだ、と思った。

いつもの東京のスタジオではなく、このテーマを沖縄から放送するとき、辺野古問題に触れないでやり過ごすことはできない。沖縄のいまの思いを伝えに行くことを重視したいと思ったのだ。私は前説で、ひめゆり学徒隊がたどった悲劇を語った後に、こう続けた。

沖縄戦を経験した多くの人々が、本土を守るため住民が犠牲になった、捨て石になったという気持ちをいまも抱いています。この歴史が残した深い傷跡が、沖縄が基地問題などを語るときに感じる痛みの原点となっています。いま普天間基地の移転をめぐって国と県が激しく対立していますが、沖縄はアメリカ軍専用施設の七〇％が集中する現実を踏まえ、辺野古移転阻止を掲げています。一方、国は粛々と移転を進める方針です。沖縄の痛みの原点となった沖縄戦を多感な少女時代に体験し、生き残った元学徒たち。戦争の悲惨さ、平和の尊さを訴え続けてきましたが、八〇代後半になったいま、その訴えが通じにくくなっていると危機感を抱いています。戦中、本土を守る持久作戦が採られ、戦後も国益のため安全保障の最前線となってきた沖縄。歴史を生き抜いてきた元学徒たちは自らの戦争体験、心の痛みを抱えて、いまをどのように見つめているのか。最後の同期会に参加した、ひめゆり学徒と同級生たちを取材しました。

そして、ゲストの島袋さんに、インタビューの最後でこう尋ねた。「島袋さんや皆さんが経験した凄惨な体験、その痛みの原点と、ずっと沖縄が負ってきた安全保障の、いわば要という役割。歴史からずっと連続して見たときに、いま、何が一番沖縄の人々の心に刺さっているのか」。

島袋さんは一七歳で学徒として動員され、戦後は語り部として沖縄戦を語り続けてきた。島袋さんはこう話した。

二〇万近くの命が失われているのに、まだ基地もある、さらに基地も作るって。そういう、なんでこの沖縄っていう、なんか宿命っていうんですかね。だから、そこで生まれた私たち、そこで育って戦争を体験した私たちが、やっぱり最後の最後まで声を大にして戦争の恐ろしさ、命の大事なことを伝えなければいけないと頑張ってはいるんですけど、なかなかうまく、もう戦争を知らない人が多くなりましたので、それが伝わりにくくなっています。この四、五年前から、そういう気持ちですね。五〇年、六〇年までは、もう絶対戦争はないって思ってますけど、あれ、また戦争の準備が始まるんじゃないかねっていう不安がありますので、いま、一番大事なときだと思っています。みんな、少しでも沖縄の苦しみか、いまある沖縄を、少しでもわかってほしいと思っていますね。

〈クローズアップ現代〉が沖縄の基地問題を初めて取り上げたのは、番組開始から二年半たった一九九五年九月二八日放送の、「島は怒りに揺れた〜沖縄・米兵暴行事件と地位協定」だった。米兵による少女暴行事件と、事件をきっかけにした沖縄の人々の怒りの爆発を伝えたことが、その後、〈クローズアップ現代〉で沖縄問題を取り上げるとき、負担を強いられ続けてきた沖縄の人々の視点から物事を見ていく姿勢の原点となっているのだと思う。

生放送へのこだわり

「えっ、生放送なんですか？」

出演のためNHKに到着したゲストは、こう驚かれ、突然緊張することが少なくない。〈クローズアップ現代〉でのゲストとのやりとりは七～八分。事前にVTRリポートを観ていただき、そこから読み取れる課題、解決法、さらにはリポートでは描き切れていない視点を指摘してもらう。気がつかなかった大事なポイント、落とせない話をたくさん打ち合わせで聞く。そして放送まで一時間もないなか、思い切った絞り込み作業が始まる。

番組はやり直しのきかない生放送だ。心の中ではいつも、ゲストに過大な要求をしていると申し訳なく思っていた。実際、「ここぞ」というゲストの肝心なお話が、時間切れで中途半端に終わってしまうこともあった。じつは、発生して間もない大事件や災害、事故の報道以外は、生放送である必然性はあまりない。だが、生放送へのこだわりは、私の強い要望でもあった。ふつうに考えれば、生放送のほうが怖くて避けたいはずだ。しかし、視聴者がその日のその時間、どんな状況でテレビを観ているのかが大切だと思う。その日のテーマとは直接関係ないとしても、その日の夜はどんな事件や事故が起きた日の夜なのか、視聴者はどんな雰囲気のなかにいるのか、どんな気分でテレビの前にいるのか、そういうことはコメントの作成にも微妙に影響していた。

ゲストの方との対話も、生放送の緊張のなかでのほうが良い話が聞ける。それが、〈クローズアップ現代〉のキャスターになる前からの、衛星放送で生番組を長く経験してきた私の持論だった。一回限りの生放送は、ゲストや私だけでなく、カメラ、音声、照明、ディレクターなど、番組の制作に関わるすべての人たちに、ここ一番という緊張感を生み出す。絞り込んだ話が、生放送の緊張した空気に触れ、生き生きと解放されたように皆で感じられた夜は、格別にうれしかった。

番組ゲストに誰を選ぶのかは、番組担当のディレクターにとって映像取材や情報取材と同様に重要なことだ。放送日が近づいてようやくゲストが決まることも少なくなかった。取り上げるテーマの専門家にするのか、それともテーマに詳しくはないが取り上げる事象について示唆に富む見方をしてくれそうな識者を選ぶのか。ゲストによって番組はまったく変わる。ディレクターが提示する何人かのゲスト候補のなかから誰を選ぶのか、編集責任者の判断がとりわけ問われた。

論争になっているテーマの場合、きちんと双方の見方を語れる人であることが大事であるし、また業界や学会のなかで一目おかれている人が、選ばれることもあった。ゲストとの生放送でのインタビューは、毎回何が飛び出すかわからないだけに緊張もしたが、そのゲストからどのような話を引き出してテーマを深めていくのか、キャスターとしての私も問われていた。

ゲストとの打ち合わせは、放送まで二時間あまりに迫った夕刻にいつも行われていた。生放送を乗り越えるためには、ゲストにとっても私にとっても、この時間がとても大切だった。打ち合わせを通じて信頼関係を築き、「今日も大丈夫」という根拠のない自信を持って、打ち合わせ室からスタジオまでの長い廊下を毎回歩いていく。毎日毎日、その分野の第一線で活躍する識者の方々にお目にかかって、疑問や重視すべき点について集中して話を聞く。そういう時間を幾度となく過ごしてきたことで、自分自身のなかで知らぬ間に、多様な物差しが身につくことにつながっていったと思う。

打ち合わせの狙いは、一回三〜四分という短いスタジオパートの時間内に、何をどのように尋ね、またどんな答えをしていただくのかを、固めていくことにあった。専門家の方は一時間から一時間半の講演をすることには慣れている。しかし、生放送で短く話すことはなかなか難しいと感じる人も少なくない。

「俺は帰る」

ゲストとの打ち合わせで衝撃的な記憶として残る経験は、ＶＴＲリポートをご覧になったゲストが、「俺は帰る」と言われたときだ。「だから何なんだ、何を言いたいんだ！」と言われてしまったこともある。このゲストは、脚本家の倉本聰さん。二回出演していただいた二回とも、リポートを観た後のコメントは厳しかった。打ち合わせは緊張した雰囲気で始まった。

番組は、クリスマスが近づいた時期、一九九五年一二月二二日放送の「夢をください、サンタクロース様」。北海道の広尾町にある「ひろおサンタランド」からの放送だった。倉本さんには富良野から来ていただいていた。リポートでは、全国からサンタへのお願いを手紙で寄せた人々を取材していた。見終わった倉本さんは一言、「全然違う、俺は帰る」と言ってスタッフを驚かせた。

「クリスマスは何かをしてもらう日ではない。何かを人のためにする日だ。ＶＴＲリポートには、こうしてほしい、あれが欲しいが描かれている。まったく違う」。倉本さんはクリスマスとは本当はどういう日かを話してくれた。私は、大事なことに気づかされた思いがした。

放送のなかでは、倉本さんはＶＴＲリポートについては一切コメントをしなかった。

また、評論家の立花隆さんには、生放送のゲストトークで、「さっきのリポートに出てきた考え方には、私はまったく反対なのだ」と放送のなかで明確に言い切られてしまったこともあった。

ゲストが最も大事に考えていることがリポートに含まれていない場合、なぜそれが触れられていないのか、怪訝な顔をされることもあった。ディレクターに向かって、「あれだけこれが大事だと先日の打ち合わせで言ったのに！」と怒ることもあった。取材を続けてきたディレクターや記者はそのことを十分理解していながらも、あえてゲストに話してもらうためにリポートから省いていたり、場合によっては大事だとわかっていても、映像がうまく撮れなかったためにその話が落ちていたり、編集の過程で時間を詰めるためカットしていたりするなど、いろいろなケースがある。このため、ゲストはリポートをどう捉えたのだろうか。描き方・情報などについて、ゲストから見て間違った視点で作られていないか、早めに知ることが私には大事なことだった。

対話の空気をそのままに

ゲストとの打ち合わせでは、いつもブレイン・ストーミングのような対話をお願いした。この観点もありますよね、この観点もありますよね、この点はどうですかなどと、ヒアリングのようなことをして、そのなかからゲストの表情や、言葉の強さ、話の長さから、ゲストの方はこの点にとてもこだわっている、この点についてはあまり重要視していない、ということなどを探るのに努めた。

思わず漏れてきた言葉の端々に、奥深い何かが、掘り下げなければならない何かが隠れていないかと思い、ひたすら耳を傾けた。ゲストはどんなところで熱っぽく語るのか、表情が生き生きするのはどんな瞬間か。目の前のゲストの表情を見つめ続けた。

テレビの魅力はやはり、人が思いを込めて伝えようとしているときの表情と言葉を同時に捉えられるところだ。番組の七、八分のなかで何を話していただければ、その人らしい表情が出るのか、どのような質問が、その人の思いが伝わる話を引き出すのか。ゲストとの打ち合わせは、私のなかでそれを煮詰めていくプロセスだった。その日のテーマに関する新たな視点が見えてくるときさえある。放送まであと一時間しかないときにである。放送では、その新たな視点での対話に賭けてみるときもあった。その意味では、最後の最後まで番組づくりには、新しい発見がある。番組の制作プロセスが、新しいものを生み出す、これほど興奮することはなかなかない。

中小企業に関するテーマや金融問題などでたびたびゲストにお招きした立教大学の山口義行

さんは、打ち合わせ室での様子をこう振り返っている。

「打ち合わせでキャスターと対話するとき、番組の進行上、最後のピースをはめるために一言くださいみたいな、そういう予定調和的な打ち合わせとは違う。打ち合わせでの僕の話自体にキャスターが興味をもち、その場で、放送で話す予定だったものを変えていくことが起きる。あらかじめ想定したシナリオに沿った流れで説明していると、どうしてですか？　こういう問題もおきるのでは？　などと言う」

いつもゲストとの打ち合わせに同席している編責や何度も番組を担当したことのあるディレクターは、なかなか本題に入っていかないことに慣れていただろう。しかし、初めて番組を担当したディレクターや記者は、時間が迫るなか、スタジオパートでの具体的な質問や答えを手際よく詰めていかない進め方に焦りを感じている様子もうかがえた。業を煮やして、まとめようと割って入ってくる場合もあった。

〈クローズアップ現代〉が始まった当初は、あらかじめ質問を用意して流れを確認するように、ゲストとの打ち合わせを進めていたように思う。しかし段々と打ち合わせの時間が長くなっていった。あれもこれも聞いているうちに知りたいことが次々に出てきて、夢中で話を聞いているうちに、放送に向けて、打ち合わせの内容をまとめておく時間がなくなることもあった。いつの間にかスタジオに持ち込むメモに具体的な質問を書かなくなり、ゲストとの打ち合わせで書いたメモのなかで、本番で語ってほしい言葉に目印をつけるだけになった。スタジオの流れをざっくりと頭の中で描いて本番に臨むほうが、綿密な設計をするより臨機応変な対応が出来るように感じた。打ち合わせ室の対話の空気が、そのままスタジオでも再現できたらとの思いがあった。

見えないことを語る

ゲストトークのなかでも難度が高いといつも感じたのが、データなどの事実に基づいた説明や分析よりむしろ、ゲストのいわば私的な見方を引き出すことだった。とくに、親と子どもの微妙な関係、自殺、学校、教育などをめぐるテーマの場合、ゲストが何をどう見るのか、一人の父親、母親としての言葉、あるいは生活者としての眼差しに期待した。

作家、映画監督、アートディレクターなど、優れた表現者は、映像を見てどんな言葉を紡ぎだすのか。その人の感性に頼るわけだが、視聴者が共感する普遍的なメッセージに結びつく「言葉のほとばしり」を私は求めた。ゲストにとっても、荷が重いと感じる役割をお願いしていたと思う。心がふさぐような事柄、もやもやとした後味の悪さ、言葉にしにくく賛否両論が渦巻き、正しい解釈がないなかで、「あの人だったらどういう言葉を紡いでくれるのだろうか」と招いたゲストもいる。

二〇一一年六月二三日放送の「子どもたちが綴った大震災」。作家の重松清さんをお迎えし、東日本大震災で被災した子どもたちが書いた作文を取り上げた番組だ。作文とそれを書いた子どもたちを紹介したリポートのあと、スタジオで重松さんが最初に語ったのは、作文を書けなかった大勢の子どもたちがいたことについてだった。

「過酷な体験をし、辛いものを見てしまった子どもたちです。作文を書くのはその辛い体験ともう一回向き合うことです。子どもたちの心がまた傷ついてしまうこともある、それが心配です」。そして「いまの作文にとっても感動したんだけれど、まだ書けなくともいいんです、まだ向き合えなくてもいい。その上で、書いてくれた子どもたちによく頑張ったね、と言ってあげたい、ありがとうと思いました」と続けた。

映像で見えないことをスタジオで伝えることの大切さ、映像にないことに対する想像力の大切さ。まさに〈クローズアップ現代〉の狙いそのものを重松さんは言葉にしてくれたのだった。

あともう一問

キャスターとしての仕事に、「時間を守る」「番組時間内にきちんと終える」という当然の役割がある。私はその役割を重々承知していたが、ときどき時間をオーバーし、ゲストが話している最中に番組が終わるということが起きた。目の前には残り時間を示すデジタル時計、フロアディレクターからも、あと三〇秒、一五秒、一〇秒と書かれたボードが出される。時間を見ながらトークを進めているので、私もわかってはいるのだが、残り三〇秒を切って副調整室にいる編責やチーフプロデューサー、ディレクターがもう終わると思っているところに、もう一問尋ねてしまう。

〈クローズアップ現代〉では、常に大きなテーマを扱っているのに、スタジオでの対話の時間が少ない。VTRリポートをもう少し短くしてほしいと頼むこともあった。問題はリポートが短くなってもまだ時間が足りないことだ。終了時間が近づけば近づくほど、もっと深いところを語ってほしい、想いまで伝えてほしい、プレッシャーをかけて申し訳ないけれど、あともう一言踏み込んでほしいと思ってしまう。そんな気持ちが抑えきれなくなって、あともう一問が、「ワン・モア・クエスチョン」が出てしまうのだ。

長年そのテーマを専門的に研究してきたゲストにとっても、たった八分ほどのトークではきっとまだまだ言い足りないのではと思ってしまう。残り三〇秒は短い時間だ。しかし三〇秒のなかで言えることも、じつは多い。私はいつも、そこに賭けてしまう。

エンドタイトルが出てしばらくすると、スタジオの扉が開く。私は気づかれないよう、入ってくる制作担当者一人ひとりの表情を観察する。その日のテーマを魅力的に視聴者に投げかけることが出来たのか、ゲストから良い言葉を引き出せたか、制作者の思いをその熱とともに伝えることが出来たのか、少しでも早く確かめたくて。

無精ひげが生えた顔に安堵の表情を浮かべる若いディレクター、面白かったと言いながら嬉しそうに歩いてくるプロデューサー。仲間たちのそういう顔を見ると本当にホッとする。けれど、編責はどこか不満げだ。こちらに近づいてくるのを見ながら、「やれやれ、何かお小言を聞かされるのか」と思っていると、「いやぁ、副調整室が大混乱しちゃって、ゲストとのやりとりが何も聞こえなかったよ。国谷さん、うまくいった？」と声高に言ったりもする。

放送センターを出て自宅に向かう。食事をとり一息つくと、きまってその日の放送がゆっくりと頭の中で再生されていく。こうしてやっとキャスターとしての一日が終わることになる。

第7章

インタビューの仕事

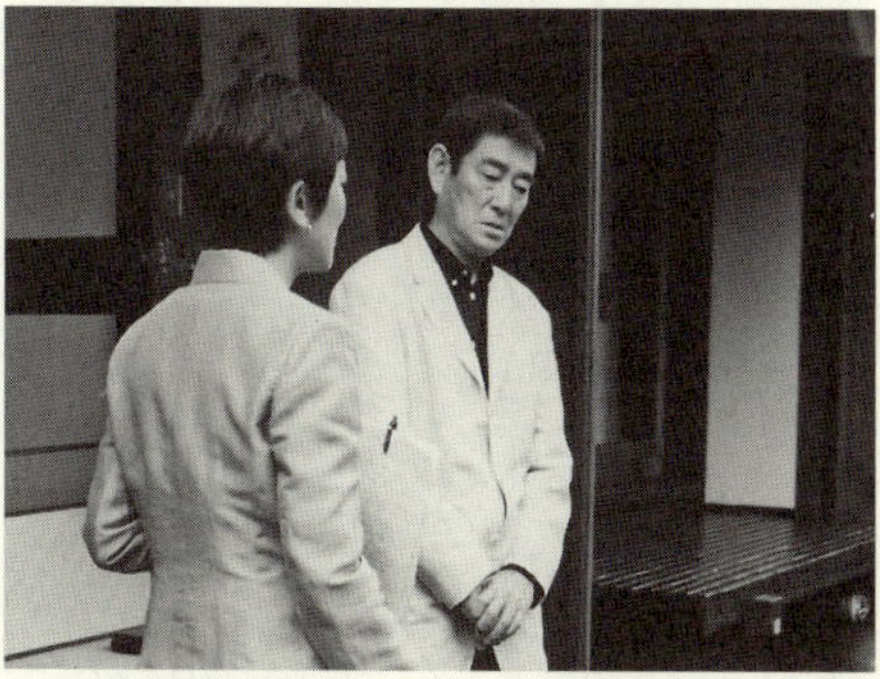

高倉健さんへのインタビューで

インタビューへの興味

私がインタビューというものに興味を持つようになったのは、若い頃、日本の取材をするために来日したジャーナリストの通訳やリサーチの仕事のなかで、彼ら彼女らのインタビューに触れたことがきっかけだった。

また、インタビューのテープ起こし、インタビューのやりとりを書き起こすアルバイトをするなかで、次第に、こう聞いて、ああ答える、するとインタビュアーは次どう出るか、などと想像しながら耳を澄まして聴いていて、自然に興味を持つようになった。アメリカＡＢＣ放送の〈ナイトライン〉のキャスター、テッド・コペルが毎日番組で行うインタビューや、イタリア人女性ジャーナリストのオリアナ・ファラーチが自らのインタビューを記録した『Interview with History』という本に出会ったことも大きく影響している。

四年間の衛星放送の仕事を終え、〈クローズアップ現代〉のキャスターとなって最初のインタビューの相手は、まだ番組が始まって一四本目、『ワイルド・スワン』で著名な中国人作家、ユン・チアンさんだった。インタビューは録画で行われたが、収録ＶＴＲの掛け替えのため小休止となったとき、ディレクターが私に近づいてきて言った。「全然違う」。苛立ちのこもった口調だった。何が全然違うのか尋ねる間もなくインタビューは再開、そしてそのまま収録は終わった。

〈クローズアップ現代〉のような短い時間の番組で、時の人の苦悩、その人が深い思いを寄せるものを伝えることができるのは、一つのテーマが精一杯だ。放送時間が長かった衛星放送のとき、たくさんのテーマについて、いかに流れるようなインタビューが出来るかに腐心していた私は、このことにまだ気づいていなかった。いまふり返ると、「全然違う」と指摘されたとき、私は、あれもこれもと網羅的に質問するインタビューをしていたのかもしれない。

そして、次第にインタビューを中心とする〈クローズアップ現代〉がめぐってくるたびに、私は一つのことを根ほり葉ほり尋ねるようになっていった。「しつこいなぁ」という眼差しを向けられることもあるが、相手の深い思いにたどり着くためには、このこだわりが大切だと確信するようになっていった。

インタビューは、自分の能力と準備の深さが試されるものであり、それがさらけ出されるものだ。帰国子女として日本語にコンプレックスをずっと持ち続けてきた私は、インタビューの相手ときちんと向かい合えるかは、日本語で伝えることを仕事にできるかどうかという課題に直結していた。この課題をもし克服できれば、仕事にプライドが持てるようになる。その意味で、インタビューへの挑戦は、私自身の存在がかかった大きな試練でもあった。

「聞く」と「聴く」

経済学者の内田義彦さんに「聞と聴」というエッセイがある(『生きること 学ぶこと』藤原書店に収録)。英語に置き換えると、「ヒア」と「リッスン」となる。その内田さんのエッセイのなかに、「肝要なのは聞こえてくるように、聴くこと」とある。ヒアできるようにリッスンすること。また「聴に徹しながら聞こえてくるのを待つ」ともある。リッスンしながらヒアできるのを待つ、ということになる。つまり内田さんは、相手の話の細部にまで耳を傾け、注意深く丁寧に聴く、リッスンする力は大事だが、その人全体が発するメッセージを丁寧に聞く力、ヒアする力を見失ってはならないと言っているのだ。

「耳をそばだてて、あるいはチェック・ポイントをおいて聴かなければ人のいうことは聞こえてこない。がしかし、下手に聴にこだわると、聴いても聞こえない、いや、聴けば聴くほど聞くことから遠ざかる、こちらが仕掛けたチェック・ポイントに関するかぎりのことは理解されるけれども存在としての対象は遠のいてしまう」「聴に徹しながら聞こえてくるのを待つ」

大切なのは聞こえてくるように、聴くこと。インタビューの「聞く力」には、観察力と想像力も求められているのだ。

内田さんのエッセイに、私はとても納得することが出来た。それは、私に一つの失敗の経験があったからだ。衛星放送のキャスター時代のこと、来日していた西ドイツのシュミット元首相にインタビューをする機会があった。始まる前に、今日は主にヨーロッパ統合についてお聞きしたいと説明をしたところ、シュミット氏は「あなたの言っていることが一言もわからない」と言われた。もう一度説明しても同じことを言われる。部屋の空気がピーンと張ってきた。雰囲気を変えようと、「コーヒー、紅茶、オレンジジュース、お水がありますが、いかがですか?」とお聞きしたら、「コク」と言われる。今度は私が何を言われたのか、とっさにわからなくなり戸惑った。しばらくして今度はゆっくりと「COKE。コーラ」と言われた。七〇歳をこえたドイツの老練な政治家が「コーラ」を飲みたいとおっしゃるとは、迂闊にも私は想像しておらず、理解できなかったのだ。

そして、シュミット氏はまたゆっくりと「私は右の耳が不自由なのです」とおっしゃった。私は氏の右側に座ってインタビューをすることになっていたので、氏には聞き取りにくく、何度も「あなたの言っていることがわからない」と繰り返していたのだった。私は夢中で話しかけていたので、シュミット氏の聞こえないという、ボディランゲージでおそらく発せられていたメッセージを捉えられなかったのだ。まさにリッスンすることばかりに夢中になっていた私は、ヒアという「聞く力」を失っていた。インタビューには、ただ質問し、その答えを聞くというだけではない、観察力と想像力も要求されていることを身にしみて知った経験となった。

このことがあってから私は次第に、質問を重視していたインタビュアーから、リッスンしながらヒアするインタビュアーに変わっていったのかもしれない。私の質問方法を「切り込み型」などと言う人もいたが、たしかに、生放送の限られた時間であったせいか、質問をたたみかけてしまうことが多い。しかし、良い言葉を引き出すきっかけを逃がさないように真剣に話を聞く。そのとき、細部に耳を傾けながら、その人全体から伝わるものを聞く、感じ取ることが大事だと次第にわかってきたのだ。「聞こえてくるように聴く」、この内田さんの言葉を大切にしてきた。

失敗するインタビューとは

就任したばかりの日産自動車のゴーン社長に、社員とのコミュニケーションについてインタビューしたことがある。そのときのゴーンさんの話がとても印象に残っている。

「曖昧な言葉で質問すると曖昧な答えしか返ってこないが、正確な質問をすると正確な答えが返ってくる。明確な定義を持つ言葉でコミュニケーションすれば、その人は自分の言葉に責任を持つようになる」

正確な答えを引き出すためには、インタビュアーはまさに正確な質問をしなければならない。しかし、明確な定義を持つ言葉を使い、的確な言葉を選択してインタビューを行うには、相当な準備が必要となる。ただ難しいのは、入念に準備をして、その準備のとおりインタビューしようとすると、大失敗につながりかねない。一生懸命準備して、一生懸命質問を考えて、頭の中でシミュレーションをする。つまり、こう質問したら、この人はこう答えるだろう、そうしたら次にこう質問して、などと想定問答を練るわけだが、そうすると実際のインタビューでは絶対にうまくいかない。実際のインタビューでそれを実践すると、相手の話が全然聞こえてこなくなるのだ。自分のシナリオばかりに気をとられ、頭の中は「次に何を質問しようか」ということばかりになるから、インタビュー相手の話、ましてやその人全体が発している言葉をヒアすること、聞くことができなくなるのだ。

インタビューでは準備も重要だが、実際のインタビューの場面になったら、いったんその準備で得たものをすべて捨てなくてはならない。そして、相手の話を真剣に深く聞き、その人が何を言わんとしているのか、丸ごと捉えて、そこで出てきた素晴らしい言葉、豊かな言葉、言葉に込められた大事なメッセージをしっかりとつかむことこそが必要なのだ。そこから良い対話が生まれてくる。良いインタビューは、次の質問を忘れて相手の話を聞けたときに初めて行えるものなのだ。これができるかどうかは、キャスターの仕事で最も重要なことなのだが、三〇年近くインタビューを続けてきた私も、今もたびたびこのことで失敗をする。難しいものだ。

一七秒の沈黙

二〇〇一年五月一七日に放送した「高倉健　素顔のメッセージ」。インタビューのテーマは、高倉健さんが七〇歳を迎えられ、映画の出演も数年に一本というなかで、いま、どのような思いで映画俳優という仕事に向き合っているのか、という漠然としたものだった。インタビューにはめったに応じられない高倉さんが、しかもテレビでのインタビューに出演していただけるということだけで、制作陣は興奮していた。私にとっては大きなプレッシャーとなって跳ね返っていたのだが。

聞き手であるキャスターが、しっかりとインタビューの準備をしてきたかどうかということは、相手の方はたぶん会って数分で気づく。準備が不十分であることに気づかれたら、おそらく深い話はなかなか出てこないだろう。また、地道な準備を怠ると自分のなかに引け目もできて、相手の方と同じ土俵の上に立てないままインタビューを終えることにもなる。

このときも猛烈に準備をした。二〇三本の映画に出演されていた高倉さん。任侠映画で全盛期を迎えていたとき、私は海外で生活をしていたので、同時代で映画を観ておらず、インタビューに向けて映画をひたすら観続けた。高倉さんについての雑誌、新聞記事、ご本人のエッセイ集、インタビュー記事なども大量に読みこんだ。

しかし、インタビューを始め、質問を重ねても、高倉さんからは短く素っ気ないとも言える答えが返ってくるだけだった。対話がまったく弾まない。次々に質問を繰り出しながら、どうしようかと焦った。

そのうち、「今日は、テレビのインタビューにほとんど応じることのない高倉さんがくださった貴重な機会。覚悟を決めて待とう」と思うことにした。話が途切れても待つ。そうすると、最初のうち高倉さんも黙ったままだ。この沈黙はかなり長く感じられた。それでも質問せずに待っていると、その沈黙のなかから、高倉さんは語り始めた。

高倉「休みをとって世界中どこへでも行きたいと思えば行けて、いいホテルに泊まって、いいレストランで飯を食って、メニューの値段表見なくても飯が食えるようにいつの間にかなってしまった。乗る飛行機はファーストクラス、泊まるホテルはスイートって、なんか自然のようになってますけど……(沈黙)

やっぱりこの仕事やってきてよかったと思えることは、そういうことではなくて、鳥肌が立つような感動をした時ですね、あ、よかったなって、自分で。」

国谷「「ホタル」の撮影を終えられたばかりなんですけれども、これからはどういう作品に出たいと思いますか。」

高倉「まだ頭のなか、何にも考えていないですね。もう嫌でも封切りの日が来ますから、その日が一番辛くなる日なんですけど。でもどっかでいい風に吹かれたいというふうに思いますね。」

国谷「いい風に吹かれたい。」

高倉「はい、いい風に吹かれていたいですね。あんまりきつい風に吹かれてると、人に優しくなれないですね。だからいい風に吹かれるためには、自分が意識して、いい風が吹きそうな所へ自分の身体とか心を持っていかないと。じっと待ってても吹いてきませんから。吹いてこないっていうのが、この頃わかってきましたね。」

このインタビューのなかでの沈黙。あとで計ってみると一七秒だった。わずか一七秒かと思われるかもしれないが、インタビュアーにとって一七秒はとても長い時間だ。沈黙が支配することは、インタビュアーにはほとんど恐怖に近いものがある。このインタビューは幸い、料理屋の庭に面した縁側での収録だったため、鳥の声、池を流れる水の音、遠くには庭の外の道路を通る救急車の音さえも聞こえてきた。もし、何の音もしないスタジオの中での収録だったら、この一七秒の沈黙に私は耐えられなかったかもしれない。

しかし、この沈黙の一七秒は、高倉さんにとって自分の話すべき言葉を探している大事な時間だったのではないだろうか。このインタビューで私は「待つ」ことの大切さを学んだ気がする。間《ま》を恐れて、次から次へと質問を繰り出すことで、かえって、良い話を聞くチャンスを失ってしまうかもしれないのだ。

「待つこと」も「聞くこと」につながる。高倉さんへのインタビューのとき、私が待つことができたのは、もしかしたら、内田義彦さんの書いていた「聞こえてくるのを待つ」と関係があったのかもしれない。

後日談になるが、番組を観てくださった高倉さんから、あの一七秒の間《ま》をそのまま放送で残してくれてありがとう、というメッセージが寄せられた。
こうして私は次第にインタビューでの対話を楽しめるようになっていった。

準備した資料を捨てるとき

二〇〇九年に公開されたロン・ハワード監督の映画「フロスト対ニクソン」。ウォーターゲート事件で辞任に追い込まれたニクソン元大統領に、テレビ司会者のフロストがインタビューを挑む。名誉を挽回したいニクソン。事件についての謝罪を引き出したいテレビ局。最初に何を質問するのか、相手のペースにはまらない作戦は何か。相手がどう答えるかを想定し、どう投げ返すかをフロストとプロデューサーたちは周到に準備する。

ところが、想定通りにならないのがインタビュー。果敢に挑戦的な質問をぶつけたと思っても、正面から答えてもらえず、長々とした説明で時間だけが過ぎ去る。傍らで見守るプロデューサーの失望や焦りが頭をよぎり、フロストの額には汗が浮かび始める。どうする、フロスト？

映画のなかのフロストは、大詰めで質問のファイルを投げ捨てる。「やった！」私は心の中で快哉を叫んだ。準備のなかで積み上げた想定問答集を捨てることが出来れば、その人でなければ言えない言葉、その人ならではの表情を引き出せる「その時」が訪れる。そのチャンスを逃がさないことがインタビューの核心へとつながる。私自身も、事前の準備ファイルを捨てて、「その時」を数多く経験できればと、インタビューに臨んできたのだ。

しかし、インタビューの現場では、インタビューされる方も相当な準備をしてこられる場合が少なくない。

作家の大江健三郎さんにお話をうかがったときのこと。あるレストランの一室での収録だったが、準備が整ってスタートする直前、大江さんは持っていらした鞄の中から何枚ものカードを取り出された。もしかすると徹夜で準備されたかもしれない分厚い束のカードは、小さな字でびっしりと埋められていた。

そのとき私は、本当に失礼なことだったのだが、「すみません、そのカードを鞄の中に戻していただけませんか」と頼んだ。大江さんは本当に真摯な方で、想定される質問に対して、とても丁寧に答えを準備してくださっていたのだろう。しかし、良い話を引き出すには、インタビューする側が準備したものをいったん忘れなくてはいけないように、相手の方にも同じ状態になっていただく必要がある。双方が同じ土俵の上に立てて初めて、その方でなくては表現できない言葉が引き出されると思う。

大江さんは、そのカードの束を鞄にしまい、そしてインタビューは始まった。インタビューする側もされる側も、始まる前に同じ状態になれるか、インタビューにおける大事なテーマだと思う。

聞くべきことを聞く

インタビューで厄介なことの一つに、こちらが聞きたいことと、相手が話したいことが、食い違っている場合の難しさがある。もっとも、双方が一致するという幸運なケースはむしろ少ないのだが。

二〇〇〇年六月一五日に放送した「世界最強のビジネスウーマン」。アメリカのIT企業の大手、当時IBMに次ぐ世界第二位のヒューレット・パッカード社のCEO、カーリー・フィオリーナさんへのインタビューでのことだ。さすがにアメリカでも、ここまで大企業のトップに女性が就任したことは珍しく、インタビューの中心は当然、女性が大企業のトップになることについてであった。

フィオリーナCEOは質問に素早く的確に答えてくれて、放送の上ではとても良いインタビュー番組になったと思う。しかし、舞台裏は大変だった。じつはインタビューの直前、彼女の強い意向として、女性であることとCEO就任とを関連させた質問は受け付けないと言われていたのだ。女性の社会進出が著しいアメリカでも、ヒューレット・パッカード社CEOへの女性の就任はビッグニュースであり、その質問ばかりされてきたことに、苛立っていると思えた。

女性としてというような質問ではなく、純粋にCEOとしての仕事ぶりや企業そのものについてもっと聞いてほしいとのフィオリーナさんの気持ちはよくわかる。しかし、女性の社会進出が進まない日本、その日本の視聴者に向けたインタビューなのだ。その点を落とすわけにはいかない。私の個人的関心からも、その視点で聞きたいことがたくさんあった。逡巡はしたが、フィオリーナさんの意向を受け入れないという選択をし、多くの女性たちが感じている見えないガラスの天井や女性だからこその苦労についてもインタビューをした。

放送終了後、彼女は私に一言、"Too many questions on woman!" 女性についての質問が多すぎる、と言った。怒りを押し殺している気配がぴりぴりと伝わってきた。同行していた広報担当者の引きつった顔を今でも覚えている。フィオリーナさんには申し訳なく思った。けれども、日本の視聴者に必要と思われる質問、聞くべきことは聞かなくてはならない。これもまた、精神的にはなかなか辛いものだ。

そのインタビューから四年半後、フィオリーナさんは取締役会によってCEOを電撃的に解任され、失意のどん底を味わうことになる。それからしばらくして彼女は『タフ・チョイス』というタイトルの自伝を出す。その本には、いかに彼女がセクシャル・ハラスメントなどに耐えながら階段を昇り詰めていったかが、赤裸々に描かれていた。そして、本の半ばには、ヒューレット・パッカード社のCEOに就任したとき、「ガラスの天井については話さない」というルールを作っていたと書いてあった。それを読んで、あらためてあのインタビューを申し訳なく思った。

しつこく聞く

キャスターは、最初に抱いた疑問を最後まで持ち続けることが大切だ。いかに視聴者の関心や思いをすくい取り、納得がいくように伝えるか。そういう意味での、視聴者の目線に立つということ。視聴者になり代わって、大事なことは繰り返し、質問の形を変えてまでも、しつこく聞く。

インタビュー相手からはときに、「まだ聞くのか」とあきれられたり、露骨に嫌な顔をされることもある。日本では、政治家、企業経営者など、説明責任のある人たちに対してでさえ、インタビューでは深追いしないことが美徳といった雰囲気、相手があまり話したくないことはしつこく追及しないのが礼儀、といった感じがまだまだあるように思える。しかし、インタビューというものは、時代や社会の空気に流されず、多くの人々に広がっている感情の一体感とでもいうものに水を差す質問であっても、問題の本質に迫るためには、あえて問うべきだと思う。「今日の話はここまでにしよう」と思っている人に、もう一歩踏み込んで、さらに深く話をしてもらうためには、こちらの情熱と、しつこさにかかっているのだ。

だから、あれもこれも網羅的に聞くのではなく、「ここぞ」というテーマに絞って、横から下から上からと聞く。インタビューの名手、作家の沢木耕太郎さんは、「インタビューに必要なものは、その人を理解したいという情熱だ」と書いている。まさにそうなのだ。

「しつこく聞く」ということで思い出すのは、二〇〇四年一二月一三日放送の「過去から未来へ～シュレーダー独首相に聞く」。来日していたドイツのシュレーダー首相へのインタビューだ。インタビューの中心は、フランスとならんで強くアメリカのイラク戦争に反対したドイツの現首相に、アメリカとの関係について本音でどう考えているのか、首相の口から直接聞きたい、ということだった。ドイツとは違い、日本政府はイラク戦争支持であっただけに、このことはインタビューの核になるテーマだと思えた。

しかし、シュレーダー首相は今後の独米関係のことを考慮してか、口は固く、言質は取られないぞ、と言わんばかりの決意もうかがわれた。最初の答えで、「そのことはすでに過去のこと」とかわしてきた。私はめげずにしつこく聞いた。首相はややあきれ顔ながら、一つひとつ丁寧に答えてくれた。

国谷「アメリカとは同盟国ですが、はっきりと戦争に反対されました。アメリカとの関係にきしみは生じても、やはりはっきりと言うことは必要だったと、いまでも思っていますか。」

独首相「そのとおり。ただし友人ではあってもいくつかの点で食い違うことはある。この問題はすでに過去の話になっており、歴史家が取り組むテーマです。もはや過去の話です。」

国谷「ドイツは国際協調を標榜する一方、アメリカは唯一の超大国として単独行動の傾向を強めています。そうなると今後対立する局面が増えてくるのではと思えますが。」

独首相「いいえ、そんなことはありません。政治的な違いは出ることになるでしょう。しかし、それは親密な関係であるからこそ起こるものです。中東問題は共通の課題です。ヨーロッパとアメリカは緊密に協力していきます。」

国谷「緊密な関係と言いますが、しかしEUはいま軍事力強化を強力に進めています。そうなるとヨーロッパとアメリカのNATOを軸にした関係が変質あるいは結束が弱まっていくのでは。」

独首相「いいえ、私はそうは思えません。むしろまったく逆です。ＥＵ共通の外交政策、安保政策を持つことは当然です。そこには軍事的要素も含んでいます。ひとつのまとまったヨーロッパがアメリカとのより強固な関係を築くことでＮＡＴＯの強化につながります。けっしてアメリカに対立することではありません。」

国谷「しかし、世界で危機が起こり、意見に違いがあったとき、アメリカに対抗できる発言力を持つためにはヨーロッパがある程度の実戦的な力を持つことが重要だと思われているのではありませんか。」

独首相「ええ、当然です。ＥＵが強力になればなるほどより自立した存在になるのです。アメリカと対等な関係を築くためにもヨーロッパは団結を目指しています。」

シュレーダー首相はさすが老練な政治家だった。「今後アメリカと対等となるようＥＵの結束を固めていく」という首相の言葉で、私は旗をまくことにした。

「こだわるインタビュー」が、突っ込んだ良いものだったと評価されることもある一方で、しつこい、くどい、相手に失礼といった評にもなる。しかし、いったん絞り込んだテーマには、納得のいくまで、こだわり、しつこく聞くことは大切なことだ。ただ、相当な準備とエネルギーが必要になる。

それでも聞くべきことは聞く

責任のあるトップへのインタビューは難しい。まして、そのポストに組織の外部から就任したばかりの人へのインタビューはさらに難しい。質問するほうにも配慮、あるいは遠慮が生じがちだ。しかし、そうであっても、責任あるトップにはやはり聞くべきことは聞くべきだと思ってきた。

思い出すのは、二〇〇三年六月三〇日に放送した「りそな　どう生かす二兆円」での、細谷英二りそな銀行会長へのインタビューだ。当時、合併したばかりのりそな銀行は、二兆円を超す不良債権を抱えて深刻な経営危機に陥っていた。公的資金二兆円を投入することで再建が図られることになり、その厳しい経営を国から託されたのが、JR東日本の副社長だった細谷英二さんだ。細谷さんは、国鉄民営化に手腕を発揮し、その業績を買われての就任だったが、銀行経営はもちろん初めての経験だった。その細谷さんに、株主総会での承認からわずか三日後、どのように再生を目指すかについて、中継を結んでインタビューをした。

経営悪化の実態や今後の再生の課題がいかに難しいかのVTRリポートをはさんで、私は、かなり率直に、細谷新会長に二兆円の重みをどのように考えているのかから始まって、りそな銀行をいかに再建していくのかについて具体的に質問を重ねていった。細谷さんは誠実に一つひとつの質問に答えてくれた。しかし具体策ということになると、まずは経営実態をきちんと把握してからという答えになった。

インタビューの最後に私は、「投入された二兆円は返済できるのか、自信はあるのか」とダメ押しのように聞いた。細谷さんはやはり、「経営実態を見たうえで、歩んでいきたい」と答えた。自信はある、と答えないところが誠実な人柄を表していた。

インタビューを終えて私は、スタジオ出演の経済部記者に、具体的な課題への取り組みについては慎重な発言が目立ちましたね、とコメントしている。就任からわずか三日後、しかも銀行経営の経験がない上に、国からの莫大な借金を背負ってトップに就任した細谷さんに、なんと厳しい、冷たい聞き方をしていると視聴者は思われたかもしれない。しかし、責任ある立場の人には、たとえ事情があろうとも、聞くべきことは聞く、問うべきことは問うという姿勢は変えたくなかった。後味に苦みが残ったインタビューではあったが。

のちに伝わってきた話では、細谷さんは周囲の人に、あの番組には出ないほうがよかったな、と漏らしていたそうだ。日本では、厳しい立場に置かれているトップは、インタビューに応じてくれないことが多い。細谷さんが、あの時点でインタビューに応じてくれたことが、いまも心に残る。

額に浮かんだ汗

もうかなり前のインタビューだ。それにもかかわらず、「いまでも時々、あのときの国谷さんの額に浮かんだ汗を思い出します」と言われるのが、二〇〇八年四月九日放送「税金四〇〇億円投入～新銀行東京・石原知事に問う」での、新銀行東京の再建問題をめぐる石原慎太郎都知事への一二分あまりのインタビューだ。

日本の金融を変える、と鳴り物入りで登場した新銀行東京。しかし、わずかの間に一〇〇〇億円を超える累積赤字を抱え、東京都は四〇〇億円の追加融資による再建策を打ち出した。しかし、世論調査では再建の実現性に否定的な意見が多く、新銀行の提案者である石原都知事の高かった支持率も低下していた。

なぜこんな状況に陥ったのか。責任は誰にあるのか。本当に再建できるのか。インタビューは都知事にとって厳しい内容になることは明白だった。番組の冒頭、都庁にいる石原都知事に、

「のちほどよろしくお願いします」と声をかけたところ、「あまり、いじめないでね」と返された。さすが石原さんだと思った。物事の当事者、責任者に問う場合、その責任や事実関係については、厳しく詰めていくことにならざるをえない。しかし、それは日本ではしばしば「攻撃的」とか「失礼な物言い」ということにされがちだ。そのことを見越した上で、石原さんは、「いじめる」という言葉を出して、私に牽制球を投げたのだろうか。スタジオにはもう一人のゲストとして、立教大学の山口義行教授がいた。私は、山口教授に、都知事がもしインタビューの内容に怒って番組の途中で帰ってしまったら、あとは教授との対談になりますと伝えていた。

再建計画の作成が不透明で納得性がないのではとの最初の質問に、石原都知事は、「まずわかってほしいのは」と前置きして、新銀行への取り組みの説明を始めた。その話は三分半に及んだ。私は、その後、苦渋の選択であることを繰り返す都知事に、話の途中に割って入ることもいとわず、これまでの経営実態、再建計画に第三者の目が入っていないこと、旧経営陣の責任がきちんと問われていないことなど、多くの点を指摘した。自分では気づかなかったが、放送の画面には、私の顔に浮かぶ汗がはっきりと映し出されていた。

国谷「都の決断も、都のなかで検証された内容に基づいて行われた。結果的に第三者の目が入っていないことで納得性が少ないと思います。この先のことですが……」
石原「議会は第三者ではないですか、議会は第三者の代表ですよ。」
国谷「議会は可決したわけですけれど、客観的事実が第三者によって検証されていなかったことに不透明さが残ると申し上げている。」
石原「あなたの言う第三者とはどういう機関ですか。」
国谷「これは金融庁であったり、他の……」
石原「それはこれから入ってくるかもしれません。それを歓迎いたしますよ、別に拒否しません。」

石原都知事に、第三者機関とは何を指しているのかと逆質問され、私は言い淀んでいる。インタビューの準備がまだ完全ではなかったことが、ここには現れてしまっている。
インタビューは、新銀行東京からの撤退は選択肢としてあるのかとの私の質問に対して、撤退はさらなる負担を都民にかける、四〇〇億円の追加融資は倍にしてお返しする努力をする、と石原都知事が答えて終わった。いまから思い出しても、とても緊張した一二分のインタビューとなった。一方的に相手の言い分を聞くのではなく、きちんと切り返しながら、誰に対しても問うべきことにこだわる。このことを貫くには、いかに大変なエネルギーが必要なのかを実感したインタビューだった。

スタジオでこのやり取りを見ていたゲストの山口教授はのちに、このインタビューについて、こう話している。「石原知事は、ひとつ質問されると延々しゃべるわけです。次の質問をさせない。そういうとき普通は怯んでしまうのですが、国谷さんは、そこに食い込もうとして一生懸命、質問をして止めようとする。それを一生懸命やるがゆえに、バーッと額から汗をかく。そこをテレビは映す。そこがテレビだね」。

インタビューされるゲストとインタビュアー。生放送でも収録でもお互い真剣勝負だ。絶対に聞かなくてはならないことに迫りたいと思いつつも、もしかしたらそれ以上にこちらが想像していなかった大切な話が出てくるかもしれないと、一生懸命相手の表情を見ながら話を聞く。この人にだったらもっと踏み込んで話をしてもいいと思ってくれているのだろうか。答えるゲストもこちらの表情を見ている。段取りにそって聞いているだけなのか、話が耳に本当に入っているのか、と。

その人でなければ話せない言葉や表情に心を動かされ、それを視聴者に伝えられたとき、私にとってインタビューは最高のドキュメンタリーだと思えた。

準備は徹底的にするが、あらかじめ想定したシナリオは捨てること。言葉だけでなく、その人全体から発せられているメッセージをしっかりと受け止めること。そして大事なことは、きちんとした答えを求めて、しつこくこだわること。長い間、インタビューを続けてきて、たどり着いた結論は、このことに尽きると思っている。

第8章

問い続けること

テッド・コペルさんと(ABC ナイトラインのスタジオで)

アメリカのジャーナリズムとテッド・コペル

アメリカがベトナム戦争で敗北した一九七五年、私はアメリカで大学生活を始めた。ベトナム戦争はテレビによって生々しく報道された初めての戦争であり、テレビでの報道が戦争終結の一翼を担ったとされている。加えて、国防総省がベトナム戦争を分析した秘密文書ペンタゴン・ペーパーズをニューヨークタイムズが掲載し、ワシントンポストもウォーターゲート事件をスクープ、ニクソン大統領を辞任に追い込んでいた。

このようなメディアに対する市民の信頼は厚く、この頃のジャーナリズムには意気揚々とした空気が満ち溢れていたように思う。ペンタゴン・ペーパーズの掲載に対し司法省は「国家の安全保障に関する問題である」として、ニューヨークタイムズに連載の差し止めを命じた。しかし、連邦最高裁は言論の自由を最優先し、政府には秘密報告書を差し止めることは出来ないとした。判決のなかで連邦最高裁のブラック判事は「自由かつ制限のない報道のみが政府の欺瞞を白日の下にさらすことが出来る」と述べている。ジャーナリズムが健全に機能したことで、ようやくベトナム戦争に終止符を打てたという認識が社会全体に広がっていた。そうしたアメリカの空気を肌で感じながら、私は大学生活を送った。

一九八〇年代、テレビは次第に衛星中継を通して世界中の人と生《ライブ》でつながることが出来るようになっていた。テッド・コペルがアンカーを務めるアメリカABCの〈ナイトライン〉は毎日、その日のテーマに関わる当事者や専門家などを結び、コペルによるインタビューを中心に構成されていた。相反する立場の人たちが画面を通して議論しており、私は毎回、当事者が生放送で語る言葉に聞き入っていた。

コペルは、短い時間のうちに複数のゲストに対して的確な質問を投げかけ、相手がはぐらかしたり、自分の言いたいことだけを答えると実に巧みに割り込み、質問に真正面から答えるよう促す。誰に対してもコペルの距離感は均等で、それぞれの出演者への質問がとてもフェアな姿勢で貫かれていると感じさせてくれた。

コペルの〈ナイトライン〉は一九八五年三月に、南アフリカから五日間連続の放送をしている。それは歴史的な番組となった。ツツ主教とボタ外相の歴史的対話だ。アパルトヘイト（人種隔離政策）が続く南アフリカで、ツツ主教はアパルトヘイト撤廃運動の黒人指導者だった。一方、ボタ外相は国連大使も務めたことのある白人の南アフリカ政府の雄弁なスポークスマン。言葉を交わしたこともない二人を〈ナイトライン〉は出演させ、コペルが実質的に仲介しながら二人は初めて対話することになった。二人が互いに挨拶をするかどうか。コペルは息をのんで見守った。

ツツ主教「こんばんは。」
コペル「外相、こんばんは。」
ボタ外相「こんばんは。」
コペル「外相、主教に挨拶をお願いします。」
沈黙。五秒ほどたってから――
ボタ外相「主教、こんばんは。」
ツツ主教「外相、こんばんは。いかがですか？」

ネルソン・マンデラが釈放される五年前、アパルトヘイトが撤廃される一〇年ほど前に行われたこの対話で、両者は共に変わらなくてはならないことを認め合った。テレビでの二人のディベートは大きなニュースとして伝えられた。政治、外交の世界で行われたことのなかった黒人指導者と政府代表との公の対話が、両者を中継で結んだテレビが実現した意味は大きかった。

コペルは一九九六年に出した著書で、この放送が本当に南アフリカにとって良いことなのだろうか、そして生放送で二人が本当に対話してくれるのだろうかとても心配し緊張していたと書いている。テレビジャーナリズムが、対立する当事者たちについてより深く理解するきっかけを作り、またそれがインタビューという手段で実現したことは、テレビと言葉が持つ大きな可能性を示してくれた。

「言葉の力」を学ぶ

一九八八年六月九日の〈ナイトライン〉には、当時、次期大統領選挙の候補者の一人でもあったブッシュ副大統領が出演した。ブッシュ氏がコペルの厳しい質問をかわそうと、政権が評価されてきた点に話をもっていこうとすると、コペルは、「評価されている点については選挙戦で話したり選挙コマーシャルで伝えられます。私がこの場で取り上げるのは政権が評価されていない点です」と副大統領に向かってさらりと切り返した。ここにはコペルのジャーナリストとしての姿勢が凝縮されている。

そのコペルに私は、二〇〇四年、イラク戦争開始から一年のタイミングで、混迷を深めるイラク情勢についてインタビューした。二〇〇四年四月一四日放送「占領下のイラク〜テッド・

コペルは語る」。この番組のなかで紹介した〈ナイトライン〉で、コペルはブレマー長官へのインタビューをしている。ブレマー長官は、フセイン政権を倒した後、イラクを実質的に占領しているアメリカを中心とするCPA（暫定行政当局）のトップで、当時、高い壁で守られたバグダッドにある元大統領宮殿にいた。米軍の撤兵の見通しなどを聞いた後、コペルはイラク国民の声に耳を傾けないと批判されていた長官に辛辣な質問を投げかけた。

「あなたは壁の外で何と呼ばれているか知っていますか。アヤトラ・ブレマー。自分の教義をふりかざすイスラム教の聖職者のようだと言われています。外で何が起きているのかあなたは見ようとしません。失望し、怒る大勢の人が答えを求めてきているのに。王様気分はいかがですか。良いですか？　悪いですか？」

ブレマー長官は、この問いに「私は大統領の要請によりここで職務を遂行しているだけ。とても疲れます」と答えるのが精一杯だった。

私は〈クローズアップ現代〉でのコペルへのインタビューで、アメリカが唯一の超大国になり単独行動主義の傾向を強めていることを、アメリカ市民、そしてコペル自身がどう考えているかを質問の一つの柱にしていた。

国谷「9・11の後、なぜこのようにアメリカは憎まれなければならないのか、この世界中で嫌われるようになったのか、大きな疑問が生まれました。アメリカは何らかの答えを見つけることはできたのでしょうか。」
コペル「アメリカはいま、何億、何十億ドルという資金をつぎ込んでイラクに何らかの形の民主的な政府を作ろうとしています。自分たちの利益のためでしょうって？　もちろんそうです。大国は純粋に人道的な理由だけで、海外に派兵したり軍事介入したりするわけではありません。純粋さを求めるのは、現実的ではありません。しかしアメリカが自分が良かれと思ってしたことを精一杯やろうとしても、憎しみの対象になってしまう、そのことにアメリカは驚き傷ついています。」

私はインタビューの最後に、イラク戦争の教訓は何かと尋ねた。戦争報道に長く携わってきたコペルはこう答えた。

コペル「それはどの戦争からも得られる教訓です。どのような軍事行動も軍事計画も、最初の弾丸が放たれるまでの命です。予期していたことと違うことが常に起きます。そして、ある行動を起こすと、次の行動を起こさざるをえなくなっていくのです。」

コペルの〈ナイトライン〉は視聴者に信頼され、二〇〇五年一一月まで二五年間続いた。〈ナイトライン〉に出演することは、コペルという「精細な秤」に載せられることを意味した。当事者が〈ナイトライン〉への出演を避ければ、視聴者に何か説明できない都合の悪いことがあるに違いないとまで思わせる存在感のある番組だった。

テレビの持つ力、とりわけ映像の力が人々の気持ちを大きく動かすようになっていった時代。ハルバースタムが「テレビが伝える真実は映像であって言葉ではない」と指摘した状況が現実に生まれつつあったなか、テッド・コペルは、インタビューという「言葉の力」で真実を浮かび上がらせようとしていた。私はコペルから、インタビューの持つ「言葉の力」を学んだ。

「同調圧力」のなかで

歴史の証言者になりうる人々から徹底的に話を聞き、それをオーラルヒストリーとして残している政治学者の御厨《みくりや》貴教授は、日米では「質問」というものに対する文化が違っていて、アメリカ型の攻撃的インタビューは日本ではまだ馴染まないと述べている。たしかに、「攻撃的インタビュー」は馴染まないかもしれないが、「聞くべきことは聞く」という意味において、文化の違いを乗り越えるときは来ていると思う。

しかし、日本のなかには、多数意見と異なるものへの反発や、多数意見へ同意、あるいは同調を促す雰囲気のようなもの、いわゆる「同調圧力」と呼ばれる空気のようなものがある。以前、作家の村上龍さんとの対談で村上さんが、「日本は自信を失いかけているときに、より一体感を欲する。それは非常に危険だ」と話していたのを思い出す。流れに逆らうことなく多数に同調しなさい、同調するのが当たり前といった同調圧力は、日本では様々な場面で登場してくる。ここ数年は、その圧力が強まっているとさえ感じる。

そのような状況のなかで、本来その同調圧力に抗すべきメディア、報道機関までが、その同調圧力に加担するようになってはいないだろうか。テレビ報道の持つ三つの危うさの一つとして第1章で指摘した「感情の一体化」を進めてしまうテレビ、そしてそれが進めば進むほど、今度はその感情に寄り添おうとするテレビの持つ危うさ。こうした流れが生まれやすいことを、メディアに関わる人間はいまこそ強く意識しなくてはならないと思う。

編集者の武田砂鉄さんが『紋切型社会』という著作のなかで、社会を硬直させてしまう、固まらせてしまう言葉を取り上げている。そのなかに「国益を損なう」という言葉についての考察がある。武田さんは、この言葉はとても強い同調圧力を持っていて、本来ならば、具体的にどのように国益を損なうのかと問うべきときに、その問いさえ国益を損なうと言われてしまいそうな力を持っている、としている。

インタビューに対する「風圧」

インタビューを軸にした番組を何回か繰り返すうちに、私は、日本の社会に特有のインタビューの難しさ、インタビューに対する「風圧」とも言える同調圧力をたびたび経験することになった。

最初に出合った「風圧」は、人気の高い人物に対して切り込んだインタビューを行うと、視聴者の方々から想像以上の強い反発が寄せられるという事実だった。一九九七年七月、その年の四月にペルーの日本大使公邸人質事件を解決し、多くの日本人を救出したフジモリ大統領が当時の橋本龍太郎総理の招待で来日した。日本中に歓迎ムードが広がるなか、大統領をスタジオに招き、生放送でのインタビューを行った。一九九七年七月三日放送「フジモリ大統領に問う〜人質事件・苦悩と決断」。

インタビューは救出にいたる大統領の決断を中心に進んだが、インタビューの間に挿入されるＶＴＲリポートの三本目では、人質事件の背景に潜むペルーが抱える貧困拡大などの課題、そして大統領の強権的手法への批判の高まりについて取り上げていた。リポートを受けてのやりとりは当然、このことがテーマになった。そして、残り時間が二分ほどになったとき、私は大統領に対して、「憲法改正による大統領権限の強化や任期延長に疑問を呈した最高裁判事を解任するなど、大統領の手法が独裁者的になってきたという声が出ているが」と質問した。大統領は、そもそも独裁者は選挙で選ばれない存在、私は選挙で選ばれている、と話を始めた。そこで私は、「国民がそういうイメージを持っているとの話ですが」と大統領の話に割って入ったのだが、やりとりをするうちに大統領の話の途中で番組の終了時間が来てしまった。

この放送に対する視聴者からの抗議や週刊誌などでの批判はとても厳しいものだった。終わり方が唐突で大統領に対して失礼との指摘は当然だったが、批判や抗議の多くは、日本人を救出した恩人に対してなんと失礼な質問をしたのかという趣旨のものだった。

当時、日本では、人質を救出したフジモリ大統領に感謝したい、日本の恩人だという空気が広がっていた。そういう感情の一体化、高揚感のようなものがあるなか、大統領が独裁者的になってきているのではとの質問は、その高揚感に水を差すものだった。しかし、大統領という人物を浮き彫りにするためには、ペルー国民からの批判について直接本人に質すことは必要なことだった。

インタビューのなかで、相手にとってネガティブな側面から迫っていくと、多かれ少なかれ、批判や反発が寄せられる。そういうことは、その後も起きた。波風を立てる、水を差す、そういったことを嫌う、あるいは避けようとする日本人の感性とも言えそうなものが、インタビューの受け取られ方にも現れていた。

失礼な質問

この「感情の一体化」という「風圧」を同じように強く感じたインタビューがある。二〇〇一年三月二七日放送の「田中知事　県政改革の波紋」。当時、長野県知事だった作家の田中康夫さんの、あらゆる前例を壊して改革を進めるという姿勢は、長野県民から圧倒的な支持を得て、全国的にも支持する声がかなり高くなっていた。一方で、県議会を中心に保守勢力の抵抗もあり、田中知事の動きはメディアで連日取り上げられていた。番組では、VTRリポートで、知事の推し進める改革とその生み出している混乱ぶりを伝えた後、長野市にいる田中知事に改革の真意についてインタビューした。改革の狙いや手法について納得のいく説明を求めて、私はかなり切り込む形で質問をした。田中知事にとってはそれが意外だったのか、途中からいつもの笑顔が消えた。私の質問の一部を書き出してみる。

「やり方がトップダウンで、決断のプロセスが見えにくいという声が出ていますが。」

「議会側にはこれまでの合意形成の方法が知事に無視されたとの気持ちがあります。そういった調整が知事はお嫌いなのですか。」

「いまの民主主義はリハビリが必要と話していますが、どこが具体的におかしいのですか。」

聞くべきことは聞いたとの思いもあり、田中知事もこれまでの民主主義のあり方を変えるという自らの考え方を、質問に即して明快に答えていたので、充実したインタビューができたとホッとしていた。ところが、その頃、番組への問い合わせや、視聴者の意見を聞くNHKの窓口には、「あの放送はなんだ」という抗議が殺到していた。田中知事にあんな質問をするとは失礼だ、田中知事を攻撃するとは国谷は保守派の県議会の応援をするのか、など多くの電話が長野県のみならず全国からかかってきていたのだ。番組ではインタビューの後、政治学者とのやりとりで、私は改革を進めるうえでのスピードの必要性や知事に対する無党派層の期待の高さに触れていた。ところが、そのことを含めた番組全体ではなく、批判は私の知事へのインタビューに集中していた。

世の中の多くの人が支持している人に対して、寄り添う形ではなく批判の声を直接投げかけたり、重要な点を繰り返し問うと、このような反応がしばしば起きる。しかし、この人に感謝したい、この人の改革を支持したいという感情の共同体とでも言うべきものがあるなかでインタビューをする場合、私は、そういう一体感があるからこそ、あえてネガティブな方向からの質問をするべきと考えている。その質問にどう答えるのか、その答えから、その人がやろうとしていることを浮き彫りにできると思う。日本語の何となくストレートに聞けない曖昧さをどうやって排除していくか。それは、インタビューをしていくうえで大きな課題だ。

フェアなインタビュー

私は、インタビューにおいても、番組への関わり方においても、フェアであることを信条としてきた。それは、視聴者に対してフェアであること、また視聴者から見てもフェアであること。具体的には、わかりやすくするために、ある点を強調するためにある部分を隠すとか、触れないとかはしない。知りえたことは隠さない。視聴者には判断材料はすべて示す。そのうえで、視聴者が同じように怒り、共感してくれることを期待する。

真正面から向き合っているか。後ろめたさを少しでも抱えたまま番組を制作してはいないか。試写の場で「描けなかったこと」「触れられなかったこと」が様々に見えてくれば、それらはスタジオで描き触れることにする。自分のなかに、気が付いていない偏見、思い込みはないか、常に意識すること。それがフェアにつながる。

〈クローズアップ現代〉では、日本にとってとりわけ重要な国、アメリカ、韓国、中国の要職にある人物には積極的にインタビューをしてきた。三人の韓国大統領、二人の中国首相にインタビューをしている。駐日アメリカ大使もそういう人物の一人だ。私は、就任直後の四人の駐日アメリカ大使へのインタビューを行っている。

二〇一三年一一月に就任した初の女性大使、キャロライン・ケネディ大使へのテレビメディア初のインタビューは、大使館側の意向もあって、着任後すぐには行われず、年が明けての三月になった。その間、一二月の安倍総理大臣の靖国神社参拝や歴史認識をめぐる日韓関係の冷え込みが日米関係に影を落とし始めていた。在日アメリカ大使館は、安倍総理の靖国参拝に対して失望するとのコメントを出していた。また、歴史認識をめぐっては、NHKの会長や経営委員の発言に対しても、アメリカ側から批判の声が出ていた。ケネディ大使へのインタビューは、そうした難しいタイミング、日米関係が複雑になるなかで行われることになった。

インタビューをフェアなスタンスで貫くことが出来るか。放送の場が経営トップの発言によって問題視されているNHKの番組であったがゆえに、これまで以上に、フェアであることが問われているように私には思えた。

二〇一四年三月六日放送「日米関係はどこへ～ケネディ駐日大使に聞く」でのケネディ大使へのインタビューでは、日米関係の状況、安倍政権への評価、中国の大国化と日米同盟の強化、沖縄基地問題、在任中に取り組みたいこと等々を質問したが、そのなかで、私は次の質問もした。

国谷「日本とアメリカの関係は、安倍政権の一員、それにNHKの経営委員や会長の発言によって影響を受けていると言わざるをえません。これらの発言について、アメリカメディアは、第二次世界大戦の歴史解釈を書き換える、ないしは変更しようとする試みだと報じています。アメリカの専門家が先日、議会に提出した報告書を読みました。それを引用します。安倍首相の歴史観は第二次世界大戦におけるアメリカの役割、そしてその後の日本占領についてのアメリカ側の概念と対立する危険がある。アメリカ大使館は一部の発言について非常識だとしています。あなたが伝えようとしているメッセージについて詳しく説明してください。」

ケネディ大使「アメリカ大使館のコメントのとおりです。友人や同盟国にも意見の違いはあるでしょう。意見が食い違う点があれば、そのように言うことが重要だと思いますし、われわれはこれからもそうしていくと確信しています。しかし、全体的な関係を見て、そうした事柄を見ていかなくてはならないと思います。日本とアメリカの関係は極めて強固で前向きなパートナーシップであり、この地域の人々の幸せのために取り組んでいるのです。そしてこの関係が安定と経済的繁栄をもたらしているのです。経済的なリーダーシップが、過去五〇年間において実現してきた多くの発展の土台となってきたのです。そうした背景を捉えたうえで問題を見る必要があると思うのです。歴史は複雑です。オバマ大統領が引用したキング牧師の言葉のように、歴史は正義に向かっており、それこそ私たちが目指したいと思っていることです。」

このように私は、ケネディ大使への質問のなかでNHKの経営トップの発言のことに触れた。それが、私が心掛けてきたフェアなインタビューだと思ったからだ。そして、番組への信頼のためにも、この質問を避けて通るわけにはいかなかった。たとえ大使が、それに答えてくれなくとも。

残り三〇秒での「しかし」

二〇一四年七月三日放送の「集団的自衛権　菅官房長官に問う」。閣議決定で憲法解釈の変更を行い、集団的自衛権の部分的行使を可能にしたことについて、スタジオで政治部記者とともに、菅義偉官房長官にインタビューをした。インタビュー部分は一四分ほど。安全保障に関わる大きなテーマだったが、与えられた時間は長くはなかった。私は、この憲法解釈の変更に漠然とした不安が広がっている世論の流れを強く意識していた。視聴者はいま、政府に何を一番聞いてほしいのか。その思いを背に、私は何にこだわるべきなのか。以下は、私が質問した内容だ。

国谷「確認ですけれど、他国を守るための戦争には参加しないと？」
官房長官「それは明言しています。」
国谷「ではなぜ今まで憲法では許されないとしてきたことが容認されるとなったのか、安全保障環境の変化によって日米安保条約だけではなく集団的自衛権によって補わなくてはならない事態になったという認識なのでしょうか。」
官房長官「いま、わが国の国民は一五〇〇万人の人が海外で生活しています。そして一八〇〇万人の人が旅行を含めて渡航しています。そうした時代になりました。そしてまた、わが国をとりまく安全保障の環境というものは極めて厳しい状況になっていることも事実だと思います。そういうなかにあって、どこの国といえども一国だけで平和を守れる時代ではなくなってきたという、まずここが大きな変化だと思います。（中略）やはり日米同盟、ここを強化することによって、抑止力が高まりますから、それによってわが国が実際この武力行使をせざるをえなくなる状況は大幅に減少するだろうと、そういう考え方のもとに今回、新要件の三原則というものを打ち立てたわけであります。」

国谷「憲法の解釈を変えるということは、ある意味では、日本の国のあり方を変えることにもつながるような変更だと思いますが、外的な要因が変わった、国際的な状況が変わったということだけで本当に変更していいのだろうかという声もあります。」

官房長官「これはですね、逆に四二年間、そのままで本当によかったかどうかです。（中略）従来の政府見解の基本的論理の枠内で、今回、新たにわが国と密接な関係がある他国に武力攻撃が発生して、わが国の存立そのものが脅かされ、国民の生命、自由、幸福の追求の権利が根底から覆される明白な危険という、そういうことを形に入れて、今回、閣議決定したということです。」

国谷「その密接な国とはどういう国なのか、当然、同盟国であるアメリカというのは想像できるのですが、あらかじめ決めておくのか、それともその時々の政権が決めるのでしょうか。」
官房長官「そこについては、同盟国でありますからアメリカは当然であります。そのほかのことについて、そこは時々の政府の判断、これは状況によって判断していくということになってくると思います。」
国谷「本当に歯止めがかけられるのか、多くの人たちが心配していると思いますが、非常に密接な関係のある他国が強力に支援要請をしてきた場合、これまでは憲法九条で認められないということが大きな歯止めになっていましたが、果たして断りきれるのでしょうか。」
官房長官「これは新要件のなかに、わが国の存立を全うすると、国民の自由などですね、そこがありますから、そこは従来と変わらないと思っています。」
国谷「断りきれると……」
官房長官「もちろん。」
国谷「もう一つの心配は、アメリカと一体にならないよう非戦闘地域での活動に限るなどして、日本独自の活動を行って、一種の存在感を得られてきましたが、今回そうしたプレゼンスを失う恐れはありませんか。」
官房長官「それはまったくないと思います。申し上げたように、日本と関係ある他国に対する武力攻撃が発生し、わが国の存立が脅かされて、そして国民の生命、そして自由、幸福追求の権利が根底から覆される明白な危険ということで、しっかり歯止めをかけていますから、これは問題ないと思っています。」
国谷「ただ、集団的自衛権の行使が、密接な関係のある他国のために行使した場合、第三国を攻撃することになって、第三国から見れば日本からの先制攻撃を受けたということになるのかと思いますが。戦争というものは、自国の論理だけでは説明しきれない、どんな展開になるかわからない危険を持っています。」
官房長官「こちらから攻撃することはありえないです。」
国谷「しかし、そこは集団的自衛権を行使しているなかで、防護の……」
官房長官「ですからそこは最小限度という、ここに三原則というしっかりした歯止めがありますから、そこは当たらないと思います。」
そして、放送が終わりに近づき、政治部記者の、国民の不安や懸念は払拭できるのかという質問に対して官房長官が、法案の国会審議のなかで国民に間違いなく理解していただけると思うと答え、ほとんど時間がなくなったとき、私は再び問いを発していた。

国谷「しかし、そもそも解釈を変更したということに対する原則の部分での違和感や不安は、どうやって払拭していくのか。」

残り時間が三〇秒を切り、あらたな問いをすること自体無理な状況であった。この問いに対し官房長官が、「四二年間たって世の中が変わり、一国で平和を守る時代ではない」と語り始めたとき、放送は終わってしまった。生放送における時間キープも、当然、キャスターの仕事であり、私のミスだった。しかし、なぜあえて問いを発してしまったのか。もっともっと聞いてほしいという、テレビの向こう側の声を感じてしまったのだろうか。

第7章でも述べたように、日本では、政治家、企業経営者など説明責任のある人たちに対して、あまりしつこく追及しないという傾向が見受けられる。インタビュアー自身がそう思っているのか、視聴者や読者の反発を意識してのことなのか、両方の要素があるのかもしれない。相手に対する批判的な内容を挙げてのインタビューは、その批判的な内容そのものが聞き手自身の意見だとみなされてしまい、番組は公平性を欠いているとの指摘もたびたび受ける。しかし、これまでも書いてきたが、聞くべきことはきちんと聞く、角度を変えてでも繰り返し聞く、とりわけ批判的な側面からインタビューをし、そのことによって事実を浮かび上がらせる、それがフェアなインタビューではないだろうか。

菅官房長官への私のインタビューは、様々なメディアで、首相官邸周辺の不評を買ったとの報道がなされた。それが事実かどうか私は知らないが、もしそうだとすれば、「しかし」という切り返しの言葉を繰り返したことが、不評を買うことにつながったのかもしれない。まだまだ、「聞くべきことはきちんと聞く、繰り返し聞く」ということには、様々な困難が伴うのだろうか。

言葉によって問い続けていくこと

一九八八年、アメリカ大統領選を取材中、私はホワイトハウスでいつも大統領に手厳しい質問をするサム・ドナルドソン記者に、「なぜ、あなたは大統領に厳しい質問ばかりするのか」と聞いたことがある。「国谷さん、小さな田舎町でアップルパイコンテストがあり、そのコンテストの優勝者が、隣に住む素敵なおばあちゃんだったとしましょう。僕はそのおばあちゃんにも、優勝おめでとう、でもおばあちゃん、そのアップルパイに添加物は使わなかったかい？と聞きますよ」。ドナルドソン記者がそう答えてくれたのが、とても印象に残っている。どんな場でも、相手がどんな人であっても、聞くべきことをきちんと聞くというインタビューの基本を教えてもらったと思った。しかし、日本だったら、果たして、こういうことを聞くだろうか。

国内外で時代のうねりが大きくなり、生き方も価値観も多様になるなか、報道番組におけるインタビューの役割とは何か。情報を直接発信する手軽な手段を誰もが手に入れ、ややもすればジャーナリズムというものを「余計なフィルター」とみなそうとする動きさえ出てきている。しかし、アップルパイを作ったおばあちゃんに、「添加物を使っていないか？」とあえて尋ねる、まさにジャーナリズムとしてのインタビュー機能が失われてもよいのだろうか。権力を持ち多くの人々の生活に影響を及ぼすような決断をする人物を、多角的にチェックする必要性はむしろ高まっている。

テレビカメラを前にしたインタビューにおいて、ニュースになるような答えを引き出すことは、むしろ例外的なことと言ってもよい。しかし、質問を投げかけていくことで、その質問からかえって、問題の所在、解決へのアプローチの視点など、その問題やテーマをとりまく状況を浮かび上がらせることができる。問いの角を丸めてしまっていないか。安易に視聴者の感情に寄り添っていないか。問題の複雑さを切り捨てて、「わかりやすさ」ばかりを追い求めていないか。テレビ報道の抱える危うさを意識しながら、問いを出し続けなければならない。

インタビューで私は多くの批判も受けてきたが、二三年間、〈クローズアップ現代〉のキャスターとしての仕事の核は、問いを出し続けることであったように思う。それはインタビューの相手にだけでなく、視聴者への問いかけであり、そして絶えず自らへの問いかけでもあった。言葉による伝達ではなく、「言葉による問いかけ」。これが、二三年前に抱いた、キャスターとは何をする仕事かという疑問に対する、私なりの答えかもしれない。

第９章

失った信頼

「出家詐欺」報道についての NHK 報告書と
BPO 意見書

「出家詐欺」報道をめぐって

第5章の最後で私は、全体試写の場で「危うさ」の芽を取りこぼしてしまった、苦く痛切な経験があった、と書いた。ここで、その経験を語ることにしたい。〈クローズアップ現代〉の二三年を語るとき、これは避けて通れないこと、とても辛いことなのだが書いておかねばならないことなのだ。

「もし、「いま報道された事実は本当だろうか」と、いちいち疑ってかからなければならないとしたら、われわれの社会・世界に対する見通しはおおいに混乱し、日常生活も成り立たないであろう。テレビやラジオのニュース・報道番組も、放送関係者が真実を追い求め、それが適切に編集された成果であるという視聴者の信頼がなければ成り立たない」

これは、二〇一五年一一月六日に公表された、放送倫理・番組向上機構（BPO）の放送倫理検証委員会による「NHK総合テレビ『クローズアップ現代』〝出家詐欺〟報道に関する意見」の冒頭部分に書かれている文章だ。まさしく、ここに書かれているとおり、報道番組は視聴者の信頼があってこそ成立している。その信頼が損なわれたら成り立たないものだ。

二〇一五年三月、週刊誌に掲載された一人の番組出演者の告発によって、〈クローズアップ現代〉の根底を支える視聴者からの信頼が、崩れ落ちようとしていた。番組制作の最終ランナーとしてバトンを手渡されるキャスターは、そのバトンを手に必死に走り切って視聴者に手渡すのが仕事だ。しかし、もしもその手渡したバトンが信頼に値するものでなかったとしたら、それは取り返しのつかない行為だ。長年にわたるキャスターという仕事を通じて、私はそのことを十分にわかっていたつもりだった。

二〇一四年五月一四日放送の「追跡　〝出家詐欺〟～狙われる宗教法人」に含まれていた、およそ三分半のシーンは、ＮＨＫが設置した調査委員会によって「視聴者の期待に反する取材・制作が行われた」と結論づけられ、またＢＰＯの放送倫理検証委員会により「事実をわい曲したもの」だとして、番組には「重大な放送倫理違反があった」と最終的に判断された。このことは、そのシーンを含む番組を、キャスターとして視聴者に伝えた私の責任を問うものでもあった。

「追跡　〝出家詐欺〟～狙われる宗教法人」は、出家すれば戸籍の名前を変更出来ることを悪用し、多重債務者を別人に仕立てて、住宅ローンをだまし取るなど、宗教活動を実質的に休止している宗教法人、いわゆる不活動宗教法人を舞台にした詐欺事件の実態を明らかにして、その対策等を考えるものであった。その番組のVTRリポートのなかに、出家を斡旋するブローカーとされた人物と、出家して多重債務を免れることを考えているとされた人物、その二人が出家の相談をし、それを隠し撮りしているかのような場面や、二人へのインタビューなど三分半のシーンがあった。ところが、その内容が、「事実関係の誤り」「裏付け取材の不足」(NHK報告書)、「ブローカーの活動実態をはじめとして、事実とは著しく乖離した情報を数多く伝え、正確性に欠けており」(BPO意見書)、またそのシーンにおける隠し撮り風の撮影方法が、「放送ガイドラインを逸脱する「過剰な演出」」「視聴者に誤解を与える編集」(NHK報告書)、「「隠し撮り」ふうに取材しているが、これは番組のねらいを強調するあまり事実をわい曲したもの」(BPO意見書)とされたのだ。このシーンを除けば、番組は「報道番組として高く評価すべきもの」(BPO意見書)とされていた。

第5章で私は、〈クローズアップ現代〉の制作の、いわば核となる「試写」という場について述べた。その試写の場では、取材されたVTRリポートを中心に議論、検討が行われ、放送の最終案が練られていく。それにもかかわらず、なぜ、この指摘された三分半のシーンは、私も参加したこの試写の場を通り抜けて、放送までたどり着いてしまったのだろうか。

この番組の前日試写では、VTRリポートで描かれた出家を利用した詐欺という事実について、なぜこういうことが起きるのか、その背景、たとえば不活動宗教法人の実態、なぜそこまで宗教法人が追い詰められているのか等は議論された。だが、正直に言えば、後に問題となるシーンについて議論された記憶が、私にはない。この問題が明らかになったとき、なぜ試写の場で私はこのシーンに疑念を抱かなかったのかを考えた。おそらく、そのシーンを含む番組内容が、〈クローズアップ現代〉の放送以前に、すでに関西地域での地域放送番組、ＮＨＫ大阪局制作の〈かんさい熱視線〉で放送されており、放送後、特段、問題になっていなかったこと、取材を担当している記者やデスクが、これまで多くの事件ものを扱ってきているベテランたちであったことがある。そして何よりも、試写の場では、ＶＴＲの構成やコメント内容、インタビュー等の編集の仕方、番組の狙いやテーマについて議論するのだが、取材された素材そのものについては、その一つひとつについてそれが事実なのか、という吟味をすることはないのだ。試写の議論においては、そこに並べられている様々な取材された素材そのものは、事実であることが前提になっている。少なくとも私にとっては、そうであった。素材やシーンについて一つずつ、これは本当に事実なのかと疑念を抱きながら試写を行っていては、そもそも試写が成り立たない。

その考え方自体が甘いのだ、と言われれば返す言葉はない。しかし、先ほど引用したＢＰＯ

の文章にあるように、報道番組が視聴者からの信頼によって成立していることと同じように、番組制作の過程である試写の場においては、キャスターと取材者、制作者との間に信頼関係がなければ、そもそも議論が成立しない。そこのところを裏切られてしまえば、たとえ事実と異なることが描かれていても、キャスターである私は気づかない可能性が高い。決して言い訳をするつもりはないのだが、これが正直な気持ちだ。NHKとBPOの調査や判断を読んだ後になってみれば、あのシーンは、あまりにも都合よく撮れすぎている、構成にはまりすぎている。そういうシーンとして、試写の場で私も首を傾げるべきだったとは思う。しかし、実際は、試写の場にいた誰からも意見は出ないまま放送されてしまい、視聴者からの信頼を失ってしまう結果をもたらした。

NHKの内部調査委員会による調査報告書が出された二〇一五年四月二八日、この報告書の内容を伝える特別番組のキャスターを務めた私は、最後に、問題を指摘された番組を視聴者に伝えたキャスターとして、次のようにお詫びをした。

一部に、事実関係の誤りや放送ガイドラインに逸脱する箇所を含んだ放送を、番組キャスターとしてお伝えしてしまったこと、またその結果として視聴者の方々の信頼を損ねてしまったことをお詫びいたします。〈クローズアップ現代〉は、平成五年の放送開始以来、二二年間、様々な社会的事象に向き合って、今をより深く知りたいという視聴者の思いに応えようと放送を続けてきました。より複雑化して見えにくくなっている現代に少しでも迫ることが出来ればとの思いで私も番組に関わってきました。常にフェアで事実に誠実に向き合うことで視聴者の方々の期待と信頼に応えることができればとの思いもありました。しかしながら、今回、調査委員会により、昨年五月一四日の番組は、視聴者の期待に反する取材・制作が行われた、と指摘されるにいたりました。私としてもまことに残念であり、あらためてお詫びいたします。二二年間、この番組が続いてきたのは、多くの視聴者の方々の番組への信頼という支えがあったからこそであり、今回のことは、そのことを損ねてしまいました。この信頼を再び番組の支えとしていくためには、これからの一本一本の番組を、今回の調査報告の指摘も踏まえて、真摯な姿勢で制作し続けていくことしかありません。いま、その思いをあらためて強くかみしめています。

問われるべきこと

ＮＨＫによる調査結果についての特別番組を制作放送することが決まり、私に出演してほしいと、〈クローズアップ現代〉を管轄する組織の責任者から依頼されたとき、正直に言って、戸惑いを覚えた。視聴者に対して、番組への信頼を損ねたことをお詫びすることになるのは明白だったが、そのお詫びは、誰の言葉として語られるものなのか。問題となった番組は〈クローズアップ現代〉の一本であり、その番組のキャスターは私だ。だから、誤った事実を含む番組を伝えたキャスター個人として視聴者に向き合い、お詫びをするのか。それとも、NHKを代表する形で視聴者に向き合い、NHKとしてお詫びをする立場なのか。責任者からは、明確なスタンスは伝わってこなかった。

私はいつもの〈クローズアップ現代〉と同じように、番組でのキャスターとしてのコメントは、NHKを代表する形での言葉ではなく、あくまで〈クローズアップ現代〉のキャスターとして、自らの言葉を自らで書き、それを伝えることにした。その言葉が先ほどの文章だ。

NHKは、私に何を、どういう立場での発言を期待していたのだろうか。そのことについての議論や判断がしっかりなされたのだろうか。最後まで私にはわからなかった。コメントを書き上げてから番組を管轄する責任者に、「番組最後の私のお詫びには、時間が二分半必要です」と伝えたら、「それは長すぎる。一分ぐらいじゃないの」と一言返ってきただけだった。内容について尋ねることもなく時間だけを気にする姿勢に、私は、まるで形だけの謝罪を求められているような気持ちになった。この検証番組の最終試写では、私が必要だとした時間を短くしてほしいとの声は上がらなかった。しかし、番組が置かれた危機的な状況や、これまで視聴者の信頼を得るための努力を積み上げてきた現場の悔しさが、果たして組織全体に共有されているのだろうかと寂しさを覚えた記憶が蘇る。

この問題のあと、ＮＨＫでは再発防止策として、試写等でのチェック体制の強化、問題のシーンで使用されたような匿名インタビューの使用抑制、制作担当者間の情報共有化の励行等が掲げられ、その対策の実施に収れんしていった。だが私には、そもそもなぜこういうシーンが作られてしまったのか、なぜ「過剰な演出」「事実のわい曲」を担当者たちは行ってしまったのか、その動機について突き詰めた議論がなされないままだったことが気掛かりだった。たしかに私自身の反省も含め、番組の品質チェックのあり方や、制作に関わるスタッフ間での情報の共有化は大きな課題だ。しかし、取材、制作の原点である現場で「過剰な演出」「事実のわい曲」はなぜ行われたのかについての検証は、さらに重要なことのように思えた。そのシーンはどのように制作されたのかに加えて、それ以上に、なぜ行われたのかという視点が重要だったはずだ。そこには、テレビ報道の陥る「危うさ」が潜んでいると私には思える。

「編集」の持つ怖さ

二三年間、計三七八四本放送された番組のなかで、この「出家詐欺」問題は、最大の汚点を残した番組になってしまった。悔やんでも悔やみきれない思いが募る。しかし、この他のすべての番組はまったく問題がなかったと胸を張れるわけでもない。取材に協力していただいた方からの厳しい指摘、不満や抗議を受けたり、放送でのゲストの発言で抗議を受けたりすることは、様々に努力して細心の注意を払っても起きてしまう。残念ながら、それは事実だ。なかでも、VTRリポートの編集に関わるトラブルは起きやすい。

「編集」という行為は、多くの取材された素材から、あるところは削り、あるところは際立たせながら、伝えたい事実を視聴者に理解されやすいよう構成していく行為だ。しかし、そこには、取材されインタビューされた個人の側の思いと、制作担当者が伝えようとする思いとの間に、ある種のズレ、齟齬といったものが発生する可能性が少なからずある。もちろん、そういう危うさがありうることは、番組制作に関わる人たちは誰もが熟知している。とりわけ、インタビューしたものを編集する場合、話した人たちの思いや考え方をすべて包含する形で編集し放送することは実際上難しいだけに、細心の注意が払われる。

しかし、編集し放送したものが、必ずしも、話した人の思いや考え方を正確に反映していない、極端な場合、反映どころか誤って伝えられたと、話した人が思ってしまうケースも起きうるのだ。このことについて、〈クローズアップ現代〉が直面したもう一つの厳しい経験がある。

もう一つの指摘

一九九七年一二月九日に放送した「赤ちゃん預かります~保育に乗り出した幼稚園の戦略」。この番組は、保育園の需要が増加するなかで、従来の幼稚園のなかには経営が苦しくなるところが出始めている事実を捉え、その現状と幼稚園側の対策や行政の動きを伝えようとしたものだった。

しかし、そのなかで取材され放送されたある幼稚園から、放送により幼稚園の信用が棄損され名誉が侵害されたとして、当時の「放送と人権等権利に関する委員会」に申し立てが行われた。そして委員会の結論として、番組は取材した事実に基本的に基づいてはいるものの、「取材、編集過程で配慮に欠け、取材された幼稚園側から見れば、一方的で著しくバランスを欠いた放送であると認識されたことも事実であり、放送倫理上問題があった」と判断された。その上で、同委員会からは、今後、取材を受ける側への一層の配慮に努めることを要望する、との決定がなされた。

このような放送が行われたのは、取材時点において、幼稚園側は経営が苦しいことと合わせて、取り組んでいる様々な教育方針についても話したにもかかわらず、放送では、苦しい経営のところだけが編集され際立たせられていたことに起因していた。制作担当者は、複数の幼稚園に取材をしていたが、VTRリポート全体の構成のなかで、それぞれの幼稚園について描くポイントを絞って編集構成していた。申し立てをした幼稚園については、経営が苦しくなっている幼稚園の実態を描くシーンとして構成してあり、他の教育方針等の取材部分はカットしてしまっていた。その結果、「著しくバランスを欠いた放送」とされたのだった。

番組の構成や編集は、番組のテーマが、いかに的確に視聴者に伝わるかがポイントになる。この過程では、番組をわかりやすくするために、取材された様々な構成要素がそれぞれに持っている複雑な事実、複雑な思いを整理し、ある部分は割愛され、ある部分は際立たせられ、構成されていく。それはやむをえないことでもある。しかし、報道番組の持つ危うさの一つとして触れたように、その構成要素が持つ豊かさ、深さを削ぐばかりでなく、事実まで歪めてしまってはならないことは言うまでもない。

さきほどの幼稚園の件が起きて以来、私は、試写の場で、VTRリポートがあまりにも明快にわかりやすく構成されているものには、むしろ警戒感を抱くようにもなった。わかりやすくするために、それとは異なる事実や視点が削ぎ落とされてしまってはいないのかどうか、それを意識して問うようになった。

「出家詐欺」の番組で突き付けられた事実は、この編集過程から生じる危うさとは異なっており、取材そのものが問われる問題だったが、その底には、何か共通するものを感じる。報道番組のなかに持ち込まれている、わかりやすさの要請、その行き着く先として、目立つもの、面白さを追い求める風潮に流されてしまっているのではないだろうか。

壊れやすい放送の自律

出家詐欺報道の検証番組での私のコメントを何度読み返しても、悔しさがこみあげてくる。報道番組が視聴者からの信頼を得るにはとても時間がかかるが、失うのは一瞬だ。さらに、この番組をめぐって、自民党がＮＨＫの経営幹部を呼んで説明させるということも起き、また総務大臣がＮＨＫに文書による厳重注意を行ったため、放送に対する圧力だとして論議が高まった。

詐欺事件を扱った一本の番組が、放送の自律を揺るがす事態につながっていくことを目の当たりにして、私は、番組一本一本の重さをあらためて認識するとともに、放送の自律は常に制作者が脇を固めてこそのものだと実感した。そしてまた同時に、その自律がいかに壊れやすいものになってしまっていたかも知ることになったのだった。

第 10 章

変わりゆく時代のなかで

インド・ニューデリーの街頭で

海外からの視点

〈クローズアップ現代〉は、二三年間、冷戦が終結しソビエト連邦が崩壊した後、急速にグローバル化が進み、中国の台頭や中東の不安定化そしてテロが拡散するなど世界が次第に冷戦の勝者アメリカの手にもあまる状況になっていく大きな変化に向き合ってきた。第1章で触れた新番組の準備文書には毎週水曜日に主として国際的なテーマを取り上げると書かれていて、当初から国際問題を重視する姿勢が見える。この「週一回は国際もの」というプランはそのとおりにはならなかったが〈クローズアップ現代〉は世界各国で起きた紛争や、経済、ビジネスの動き、そして社会問題から事件、事故まで丁寧に伝えてきた。

番組がスタートしたころ、米ソ間の緊張関係により紛争を抑止する勢力均衡の時代が終わったばかりで、ロシアもアメリカと協調する姿勢を見せていた。ヨーロッパでは世界で例を見ない、国境をなくし互いの相互依存を強めることで安定と豊かさを実現できるという理想に向けて走り出していた。どんな新しい国際秩序が生まれるのかまだ不透明ではあったが国連中心の秩序になっていくのではという声も聞こえ、一九九三年一二月二一日「国連はよみがえるか〜

ガリ事務総長直撃インタビュー」を放送している。その一方で初年度から数年の間、圧倒的に取り上げることが多かったのが混とんとしていたロシア情勢だった。第一回の放送が、「ロシア・危機の構図」であったことはすでに触れたが、その年一九九三年の秋には、九月二七日「ロシア・泥沼の権力闘争」、一〇月四日「ロシア非常事態」、一〇月一二日「エリツィン訪日～検証・強権政治・領土交渉の舞台裏」とわずか二週間ほどの間にロシアについて三本放送している。

私にとって印象深いのは海外から直接伝えた番組だ。返還を一年後に控えた香港からの番組。また同時多発テロ事件発生から二カ月後のニューヨークから伝えた「アメリカはどこへ」という四本シリーズは、初めての海外からのシリーズ放送になった。海外からのシリーズはその後もアメリカだけでなくヨーロッパ、中国、インド、中東からも伝えている。

二〇一一年一二月五日から七日まで三回のシリーズでエジプト、イスラエル、トルコから「激動　中東はどこへ」を放送した。中東地域でアラブの春がどんな変化をもたらしているのか、複雑な構図を伝えようという狙いだった。特にエジプトのムバラク政権が倒れたことで中東におけるアメリカの影響力が低下すると見られていた。移動距離が長く事情の異なるそれぞれの国で要人へのインタビューを行いながら放送を連続して出していくため、体力的にきついだけでなく内容の理解にもかなり時間がかる。それでも歴史が作られる現場に行き、熱っぽく語るキーマンたちの話を聞くことで、ニュースだけではなかなかわからない国民感情や状況の見方、そして大きな国際関係の構図が見えてくる。それが貴重な体験になり次にまたその地域の情勢を取り上げるときの大事な物差しにもなった。

シリーズはかならずしもニュースの現場に行くとは限らない。日本国内での新しい風を捉えるのと同様に、海外で吹いている新しい風を求めて、時代を先取りした考え方、新たな価値観や取り組みを伝えようと、ヨーロッパからは二回のシリーズを試みている。二〇〇二年五月七日〜九日放送の「ヨーロッパ　新しい風」。グローバル化が急速に進み激しい価格競争が進むなかでフランスやイギリスで始まった小規模農家や地場産業を大事にする取り組み、価格競争や効率性重視とは一線を画したビジネス戦略を紹介している。番組のなかで「人の暮らしを優先する経済をとりもどしたい」「消費者と生産者との公平な関係はどうあるべきか考える」といった発言に考えさせられた。またそのシリーズではヨーロッパで進む温暖化防止への挑戦についても早々と伝えている。

進まない中東和平

〈クローズアップ現代〉がスタートした一九九三年の九月、イスラエルとパレスチナが歴史的な和解をし、ホワイトハウスの前でイスラエルのラビン首相と、パレスチナ解放機構（PLO）のアラファト議長が握手をした。互いの存在を認めてこなかった両者が初めてお互いを認め和平に向けて動き出したのだ。私は衛星放送で〈ワールドニュース〉を担当していたころから中東和平問題を繰り返し伝え、衛星中継でイスラエルとPLOのスポークスマンを同時に結んで直接両者が互いの主張に耳を傾け話し合うという番組も担当したことがあっただけに、この地域に対して強い関心を持っていた。

異なる宗教、それぞれの民族が背負ってきた歴史、エルサレムの帰属をめぐる対立、両者を取り巻く大国の思惑など、中東和平問題は非常に複雑で説明が難しい。毎回どこまで番組の冒頭の前説に問題の歴史的経緯や背景を盛り込むかで悩んだ。説明をしないと視聴者にはわからない。説明を始めるときりがない。しかし、和平が実現できなければ中東の安定はなく、世界は不安定なままだ。〈クローズアップ現代〉では歴史的和解を取り上げた一九九三年九月一四日放送の「四六年目の和解」をはじめ、この中東和平問題にこだわり繰り返し伝えてきた。とりわけ私の記憶に強く刻まれているのが二〇〇〇年八月二一日放送「合意か決裂か～アラファト議長単独インタビュー」。PLOを率いていたアラファト議長へのインタビューだ。

放送の四日前の八月一七日、目の前に座っているのがPLOのアラファト議長本人であることを私は自分自身に言い聞かせていた。トレードマークとなっているカフィーヤと呼ばれる白と黒の布を頭にかぶり、カーキ色の軍服を身に着けた七一歳の老練なパレスチナ指導者とのインタビューが決まったのは、彼が部屋に入ってくるわずか一〇分前だった。

一週間の夏休みを関西の実家で過ごしていた私のところに突然編責から電話がかかってきた。明日、アラファト議長が来日するのだがインタビューの可能性も出てきたので、とりあえず最近の中東和平交渉の資料を宅配便で送った、との内容だった。口ぶりから編責自身もインタビューの実現には確信が持てていないことがうかがわれた。それでも私は、休暇を切り上げて翌日の夕刻、新幹線のなかで資料に目を通しながら東京に向かった。

アラファト議長の来日は、その前月の七月に行われたアメリカのキャンプ・デイビッドでの和平交渉の結果を日本政府に直接、説明するためとされていた。アラファト議長来日の直前には、イスラエルのペレス元首相が、バラック首相の特使として来日しており、両者は国際社会へのアピールを競い合っていたのだ。

東京に着いてみると、アラファト議長が宿泊する帝国ホテルにすぐ来てほしいという。前月に和平交渉が決裂して以来、アラファト議長は全くメディアのインタビューに応じておらず、彼の発言は世界的に注目されていた。私はほとんど準備が出来ていない焦りを感じた。

要人などニュースメーカーへの単独インタビューの実現には、メディア間で熾烈な競争が繰り広げられる。私が焦りながら、東京駅からホテルに向かっている頃、番組デスクはアラファト議長サイドとの直接交渉に、他のテレビ局、久米宏さんがキャスターを務めている〈ニュースステーション〉と競う形で臨んでいた。議長の先遣隊との交渉では結論は出ず、インタビューに応じるのか、応じる場合はどこのテレビ局かは、アラファト議長本人が判断するということになった。〈ニュースステーション〉はアラビア語の同時通訳を用意し、その日、生中継で話を聞く態勢をとっているという。私たちの番組は夏季特別編成で休止期間中であり、VTR収録で、私が直接英語でインタビューを行うことにしていた。長旅で疲れているなか、きっとアラファト議長は母国語でストレートに語りかけたいだろうと私は弱気になっていた。

ホテルで待機して二時間半、午後九時半過ぎ、デスクが部屋に飛び込んできた。「NHKオンリーになった。あと一〇分でここに来る」。

単独インタビューはこうして議長サイドとの直接交渉で実現することになり、アラファト議長は本当に一〇分後に私たちのいる一五八五号室に姿を現した。

イスラエルとの和平交渉の最大の対立点は、聖地東エルサレムの帰属問題であり、アラファト議長に妥協の余地はないのかが焦点となっていた。

国谷「この他の問題で合意して、東エルサレム問題を棚上げすることは考えられませんか。」

アラファト議長「できません。私は裏切り者にはなれません。アラブ人、イスラム教徒、キリスト教徒を裏切ることはできないのです。」

何らかの合意に達するために東エルサレム問題での妥協が求められていることをアラファト議長は十分に承知していたはずだが、エルサレムは首都としてパレスチナに完全に帰属すべきとの主張に終始した。

長い歴史を持つ中東和平交渉は一九九三年のオスロ合意で大きく前進し、パレスチナは自治政府として成立した。そのときのイスラエル側の代表がイツハク・ラビン首相だった。ラビン首相とアラファト議長は九四年のノーベル平和賞を受賞している。しかしラビン氏は、翌年、パレスチナとの和平に反対する青年の銃撃で死亡し、和平はまたしてもその前進を止めた。

国谷「もし、ラビン氏がいまドアを開けて入ってきたら、彼になんと言いますか。」

アラファト議長「ラビンが？　私は彼が平和のために命を失ったことを決して忘れません。もし、彼がここにいたら、私はこの聖なる土地に平和をもたらすよう、これからも力を尽くしていきます。そしてあなたと結んだ合意を尊重していきます。そう、彼に語るでしょう。」

中東和平は二〇世紀中の合意はおろか、その後も激しい衝突を繰り返すなか、ヤーセル・アラファト氏は二〇〇四年に亡くなっている。私は、二〇一一年一二月六日放送の「激動　中東はどこへ②孤立深めるイスラエル」のなかで、イスラエルのシモン・ペレス大統領にインタビューをした。ペレス氏は、オスロ合意時のイスラエル外相であり、アラファト議長、ラビン首相とともにノーベル平和賞を受賞している。そのインタビューのなかで、ペレス氏はアラファト議長についてこう語っている。

国谷「オスロ合意は今も生きていると信じていますか。」

ペレス大統領「オスロ合意がなかったら和平は土台すら存在していないでしょう。ですが十分ではありませんでした。その理由は、交渉相手がアラファト議長だったからです。彼がいなければ和平交渉を始めることはできなかったでしょうが、彼がいたせいで交渉をまとめることも出来なかったのです。」

その類稀な個性と強力なリーダーシップでパレスチナをまとめあげ、独立国家への道筋を付けたアラファト議長。しかし、彼の持つ求心力は、和平交渉における強硬な姿勢から生まれていたものだったのかもしれない。ペレス大統領も、二〇一六年九月に亡くなり、オスロ合意の立役者の三人はいずれも世を去ってしまった。いまだに中東和平は実現しないままだ。

逆戻りする世界

国際政治の構図の変化の大きさを肌で感じる機会となったのがベルリンの壁崩壊から二五年のタイミングで放送した二本シリーズだった。二〇一四年一一月五日と六日に連続してベルリンとモスクワから番組を放送した。かつて壁のあったベルリンからは「岐路に立つEU」、そしてモスクワからは「新たな冷戦は避けられるか」。タイトルからもわかるように、〈クローズアップ現代〉が始まったころ、理想に向かって走っていたEU(ヨーロッパ連合)は加盟国の間に広がった経済格差で軋轢が生まれ、EUに不信感を募らせる政党が支持を広げる事態となっている。またロシアとEU、ロシアとアメリカの関係も冷戦後最悪と言われ、プーチン大統領はアメリカに対する不信感を隠そうとせず、信頼や経済的なつながりを傷つけても安全保障上の利益を優先する姿勢をとるようになっていった。

ロシアはいったいなぜアメリカに対してそれほど強い不信感を持つようになったのか、セルゲイ・ナルイシキン、ロシア連邦議会下院議長に尋ねた。「ドイツ統一を認める条件としてNATOは拡大しない約束だった。今や旧ソビエト圏にまで拡大したNATOに脅威を感じる。それがヨーロッパの安全を脅かしている」とロシアの実力者は語った。

各国でナショナリズムが台頭し、内向きで自国中心主義的な傾向が強まるなか、それに翻弄されずに国際関係の安定に向けてリーダーシップをとれる人が果たしているのだろうか。日本国内にいてはなかなか感じることが出来ない欧米とロシアとの深い亀裂を目の当たりにして、地政学の時代に時計が逆戻りしたように感じた。

二人のゲスト

番組のラインアップをあらためて見直すと、放送が開始された年から日本社会の激しい変化が伝わってくる。初年度が終わりに近づいた一九九四年の三月には、「さらば東京～不況で増えるIターン志願」「ホワイトカラーの合理化が始まった～組織改革最前線」「半値で生き残れ～これがスーパーの生き残り戦略だ」と題した三本を連日放送している。

とくに心が痛んだのが、同じ年の一月に放送した「零細経営者はなぜ死を選んだのか〜丹後ちりめんの里」という番組だった。自分が死ねば生命保険で借金を返せるとして命を絶ったある地場産業の経営者。こうしたタイトルからもうかがえるように、〈クローズアップ現代〉はスタートしてすぐに、暗い時代に踏み込んだ日本社会に真正面から向き合うことになった。リサーチャー時代、日本経済の強みとして、終身雇用、年功序列など日本型企業経営について外国人記者の取材をサポートしたり、私自身、サラリーマンの娘としてその恩恵を受けながら成長してきただけに、日本型経営がこんなに急速に変化してしまって本当によいのだろうかと思いながら伝えていた。

大型倒産、信用組合の解散、厚生年金から脱退する中小企業、消える商店街、就職先が決まらない学生たち。こうしたバブル崩壊後の痛みを取り上げる番組のゲストとしてたびたび登場していたのが、経済評論家の内橋克人さんだ。大量の不良債権、資金運用の悪化などによる企業の体力の低下、負のスパイラルに陥った日本社会を、内橋さんは全国の地場産業を歩いた経験から、何が深いところで失われようとしているのかを鋭く考察した。製造業の海外移転が加速するなかで価格破壊も起きた。変わるというより壊れていく、それまで当たり前だった様々なこと。その現実を見つめながら、日本社会はどう変わろうとしているのか、その先は見えていなかった。

一九九六年一二月五日「負債は誰が負うのか～急増・第三セクターの破たん」ゲスト内橋克人。翌日の一二月六日「格安運賃は可能か～相次ぐ航空新会社設立」ゲスト竹中平蔵。この二人のゲストが連続して登場していた放送記録を見て、当時の社会の二つの流れを象徴していると感じる。次第に番組での竹中さんの出演は増えていった。「個人資産一二〇〇兆円を狙え」「〝格付け〟はこうして行われる」「〝脱接待〟日本の社会は変わるのか」「外国金融商品とどうつきあうのか～問われる投資家保護」。グローバル化、自由化、金融資本主義が経済の牽引役として影響力を強めていくなか、強い市場の圧力に日本企業は退場を迫られるかもしれないというプレッシャーもあり、海外ルール、グローバルスタンダードを素早く取り込むことこそが生き残り策、との主張がたびたび番組に登場していた。その旗手が竹中さんだった。

バブル崩壊の痛みに苦しみながら底流で起きていたせめぎあいは、たびたび番組に出演していただいたこの二人のゲストの存在に象徴されていたように思える。失ってもよいものと失ってはいけないもの、変わってよいものと変わってはいけないもの。どんな影響を個人や社会にもたらすのか、しかし、ゆっくりと考えながら進むことは許されない空気が充満していた。その後、竹中さんのスタジオ出演は一九九九年四月一日の「退職金・企業年金が危ない～国際会

計基準　企業の苦悩」が最後となり、その二年後、竹中さんは経済財政政策担当大臣として小泉政権に入閣、二〇〇一年九月一九日の「テロが経済を直撃した」では、政府としての対応策を語る閣僚として中継出演している。

一方、内橋さんはその後も雇用をテーマにした番組に引き続き出演している。そのテーマから は日本の雇用環境が激しく変化し、次第に悪化していく様子が伝わってくる。

二〇〇一年一〇月二四日「さらば正社員、主役はパート」
二〇〇二年一月二一日「急増　一日契約で働く若者たち」
二〇〇二年五月一四日「会社の中で独立します～広がる個人事業主」
二〇〇二年一二月四日「高速を走る〝過労〟トラック」

賃金が下がっていくだけでなく、人件費はいつの間にか調整可能なコストへと変わっていった。激しい競争のなかで安く効率よく作れる場所で生産を競い合う企業。こうしたなかで地域経済の衰退が加速していった。多くの人々が不安定で細切れの仕事に向き合う姿を目の当たりにして内橋さんが繰り返し口にしたのが「ディーセント・ワーク」という言葉だった。生きがいのある仕事、尊厳のある労働。その大切さを熱っぽく語り、人にとって働く意味とは何かを問いかけ続けたのだった。

派遣村の衝撃

〈クローズアップ現代〉のキャスターを担当してきて、日本社会で何が一番変化したと感じているのかと問われると、「雇用」が一番変化している、と答えることが多かった。一九九六年、一九九九年と相次いで労働者派遣法が改正され、それまで業種を限って認められていた派遣労働の適用範囲が拡大し、そして原則自由化されていった。さらに、二〇〇四年の改正によって製造業務の派遣も解禁され、一気に派遣労働者が急増していったのだ。しかし、放送記録を見ていくと、人々の働き方に大きな影響を与えたこの派遣法の動きについては、一九九九年五月二〇日の「急増する派遣社員」、そしてかなり間をおいてから二〇〇四年一二月七日に「派遣社員は製造業を変えるか」が放送されているにすぎない。

様々な働き方の変化について番組化していながら、急増している派遣労働について、セーフティーネットの欠如など、そのもたらすものが十分に見えていなかった。

二〇〇八年の秋に起きたリーマンショックで世界経済に急ブレーキがかかると、その年の暮れ、製造現場で派遣社員として働いていた大勢の人々が年末からお正月にかけて行き場を失い、「派遣村」と呼ばれた場所で炊き出しが大々的に行われた。その光景を見て、雇用のセーフティーネットの構築があまりにも欠如しているのを見過ごしていたことに気づかされた。二〇〇三年から五年間、世界経済は毎年五％の勢いで急成長し、小泉政権のもと、不良債権の処理を急ぐなかで外資ファンドの存在も高まっていた。変化することに対して前のめりで肯定的な空気が社会に満ちていくなかで、もしものときのセーフティーネットなどは、後ろ向きの課題であるとして時代の空気にかき消されてしまったのだろうか。年を越すこともままならない大勢の人々が生まれてしまった現実をまざまざと見せつけられたことで、いったい私たちは何を伝えていたのだろうかと悩んだことを鮮明に思い出す。

二〇〇九年一〇月七日放送の「助けてと言えない～いま三〇代になにが」という番組は、ネットカフェなどを転々としながらギリギリの生活をする若い世代が、自分たちの苦境は自己責任と捉えて支援を求めない姿を伝えている。不採算部門は早く切り捨て、早期退職を募り、企業を再生することが急務として進んでいた日本社会。その一方で格差が広がる土壌が急速に生まれていたことに、なぜ私たちは早く気がつかなかったのか。

振り返ってみると最初の一〇年近くは、それまで当たり前だったことが次々と壊れていく過程をつぶさに見ていたように思う。そしてその後の再構築への動きのなかで、問題の解決策と思えることが実は新たな大きな社会問題を生み出していた。そのことへの想像力が働かなかった。戦後、世界でも一位、二位を競う豊かな国になっていたはずの日本で、経済格差は広がり、現在、子どもの六人に一人が貧困状態に置かれ、保育など大事な公共サービスを担う人材に、生活が十分に維持できる賃金が支払われない国になってしまっている。

時代の勢いに乗って伝えていくことは、時代に向き合うメディアとして当然のことだったかもしれないが、結果としてあまりに、社会の空気に同調しすぎていたのではなかったのか。リーマンショックで起きたことを目の当たりにして、なぜもっと俯瞰して見ることがそれまででできなかったのか。なぜもっと早く、弱い立場に置かれている人々に寄り添った新しい制度の構築が必要であるという想像力が働かなかったのだろうか。深く考えさせられた。

多くの視聴者を得れば、報道番組はその時々の社会の空気に影響されやすくなる。人々の関心に応え、共感を代弁するような方向に進むことで、時代が向かおうとする方向に対しては、立ち止まる力が弱まる傾向がある。時代の空気に逆行して物事を伝えるのは、難しいことだったのだろうか。

バブル崩壊の痛みが本格化するなかでスタートした〈クローズアップ現代〉の歴史は、日本の失われた一〇年、二〇年と重なる。目の前の課題を提示し、解決策の模索を続けてきたが、もっと長期的で幅広い目線で問題提起が出来ていたらとも思う。

しっぽが頭を振りまわしている

その一方で〈クローズアップ現代〉は人々の生活に多大な影響を与えていた世界経済の大きなうねりや構図については丁寧に伝えている。アメリカで広がった返済能力が低い人々に住宅を担保に貸し付けるサブプライムローンの危うさや、リーマンショックをきっかけに起きたアメリカ発の世界的な金融危機のメカニズムなど、見えにくいマネーの潮流について通常の二六分番組を七三分に拡大して深く掘り下げた番組を二〇〇八年に三本放送している。

二〇〇八年一月七日「二〇〇八年　新マネー潮流」

二〇〇八年八月二六日「グローバル・インフレの衝撃〜転換する世界経済　日本は」

二〇〇八年一二月一八日「未曽有の危機　日本経済は乗り越えられるか」

一年に三本も放送時間枠を三倍近く延ばして伝えるのは異例のことだ。

いつの間にか実体経済よりも金融工学によって膨張した巨大マネーが世界経済を振りまわしていた。「しっぽが頭を振りまわしている」とのキーワードを番組のなかで何度も使用したことが記憶に新しい。

このほか、通常編成の番組でも、九月二二日「アメリカ発　金融危機は食い止められるか」、一一月一〇日「克服できるか金融危機〜欧州の模索」など、この年、グローバル化した金融経済が世界を不安定化させている実態を番組で繰り返し取り上げている。人々の身に及んでいることがリスク・コントロールの難しくなった金融市場の動きからもたらされているという、それまであまり指摘されていなかったとても大事な視点を継続的に提供していた。

いま、世界各国で格差の拡大、財政赤字の問題が深刻化するなか、これまで経済成長を強力に牽引してきた資本主義が行き詰まりを迎えているとの指摘が様々に出ている。〈クローズアップ現代〉は先ほどの三本の番組をはじめ、早くから資本主義の抱える課題を広範に提起し、行き詰まりの予兆を示してきたのではないかと思う。

「暗いつぶやき」を求めて

地方の活性化をテーマにした番組のゲストとして出演していただいた研究者が「地域の暗いつぶやき」という言葉を使った。二〇〇三年六月二四日放送の「農村にチャンスあり〜増える女性の起業」のなかでのことだった。地方の活性化のヒントは、地方の片隅で生活している方々の「暗いつぶやき」を拾い上げることから生まれるというのだ。とても重要で新鮮な指摘に思えた。それ以来、報道番組の役割はこうした「暗いつぶやき」を拾い上げることが大切なのではと考え、この言葉を大事にしてきた。

〈クローズアップ現代〉は、自治体財政が苦しくなり、地域経済も各地で活力を失い、商店街がシャッター通りになったり、高齢化が進むなかで住民が求める行政サービスの持続が出来なくなったりする事態も見つめてきた。地方の活性化や行政のあり方について問いかけることが多く、ゲスト出演した新藤宗幸さんと地方自治とは何かを考えることが多かった。地元自治体が住民に情報を公開し、話し合い、合意形成を進める。人材も資金も足りない地域に耳を傾けると、聞こえてくるのは人々の「暗いつぶやき」なのだ。

お金が地域のなかで回らないということの解決策として生まれた地域通貨。人口減少のなか、お年寄りが生きがいを持って暮らしていくために作られた地元の女性たちによる「お焼き」のビジネス化。バス路線廃止で公共交通手段がなくなった地域に誕生した住民が提供する乗り合いタクシー。住民同士の支え合いや工夫、そして自治体からの支援が絡み合って、これまでなかった解決策が生み出されていった。

ジャーナリズムの機能は第一義的には権力の監視機能だろうが、社会的弱者に対する感受性、想像力を発揮して、社会全体がその痛みを共有するよう、弱い立場に置かれた人々が抱える問題を広く伝えることもジャーナリズムが果たさなければならない重要な役割だ。地域の痛みの見える化で社会全体に情報を公平に伝え、その痛みの解決のため何を優先するのか、どんな知恵が必要かを考える場を提供することがジャーナリズムのとても大事な機能だと、二三年間の経験から思う。

　そして経済格差が拡大するなかで広がるシングルマザーたちの急速な貧困化や、子どもたちの貧困化など、日本社会全体に広がる「暗いつぶやき」を、どこまでも拾い上げていくことも報道番組の役割なのだ。

　現代の底流に潜む新しい事象を見出し、拾い上げ、出来ることなら新たな言葉により「定義」していき、そこに流れる新たな問題意識の共有化を視聴者とともに果たしていきたい。その思いが、〈クローズアップ現代〉の大きな願いであった。二三年間の歩みがどこまでその願いを実現しえたかはわからないが、このことは引き続きジャーナリズムの一つの柱になってほしいと思う。

東日本大震災

　東日本大震災が発生したとき、私は自宅の最寄り駅のホームに立って電車を待っていた。この日は金曜日で番組の放送はない日だった。加えて翌週から春季特別編成となり、〈クローズアップ現代〉は休止期間に入る予定になっていた。

ホームの片方には電車が停まっていた。そこに大きな揺れを受けた。上から何かが落下する危険があるので気をつけてくださいと、やや上ずった声の駅員のアナウンスがあったのを憶えている。私はとっさに、停止していた電車に飛び乗った。外を見ると、いつも行くお蕎麦屋さんの建物が周囲より大きく横に揺れているのが見えた。火を使っていないことを願った。ただならぬ揺れだったことを感じたが、それがどれだけ深刻なものであったかは、そのときはわからなかった。揺れがいったん収まると、私は都心に向かうのをやめ、家に戻ろうと歩き始めたところで、また大きな揺れを感じた。

帰宅後すぐにテレビをつけた。しばらくすると、津波が押し寄せてくる映像が中継された。上空からの生中継でヘリコプターのエンジン音からか、津波はとても静かに陸を上がっていくように見え、不気味に思えた。一本の線のように長く沿岸から内陸に向かう様子から、実際の破壊力の大きさは伝わってこなかった。津波の前を走るあの車は逃げおおせるのだろうか。心を砕きながら見つめている自分が傍観者であることに罪悪感すら覚えた。津波の中継映像を撮っていたカメラマン、その映像を放送に乗せていたニュースセンターの人々は、津波に飲み込まれていく人々をリアルタイムで伝えながら、同時にこれが現実であってほしくない、逃げてほしいと思いながら、その葛藤のなかで大津波を伝えていたに違いない。

テレビの映像はパワフルで、人々の想像力を一瞬にして奪う。その一方でテレビは起きた現実を十分に伝えることが出来ないということを私は阪神・淡路大震災で経験していたが、あらためてこの事実を、後日、大津波の被災現場に行って感じることになる。地域一帯が丸ごと流され、一軒の家も残っておらず、かろうじて少し高台にあった家が数軒残されていた。跡形もなく破壊された集落の跡に、人々の暮らしがそこにあったことを示す台所用品や衣類ががれきの間に散乱していた。そのなかを自衛隊の隊員たちが、犠牲者の捜索を黙々と続けていた。津波の破壊力がいかに大きく、そのなかに巻き込まれたらひとたまりもなかったであろうと本当に恐ろしく感じた。初めてテレビが生中継することになった大津波であったが、映像の限界もあらためて痛感することになった。

ニュースは不眠不休で二四時間、被害の実態を伝え続け、〈NHKスペシャル〉も早くから放送されていた。〈クローズアップ現代〉が東日本大震災について伝え始めたのは、大災害の発生から一〇日目の三月二一日だった。ニュース枠の拡大、また春の特別編成で番組がそもそも休止となっていたことも影響し、〈クローズアップ現代〉はまるで静観していたかのように見えたかもしれない。事態の深刻さから急きょ呼び出されるだろう、そうでなければならないと思っていた。そうしたなか、番組が休止期間を繰り上げて急きょ放送を始めるという連絡を受けた。

原発事故報道

一〇日目においてもまだまだ災害の全貌が見えていなかった。犠牲者の数も行方不明者の数もはっきりせず、毎日増え続けていた。福島第一原子力発電所の一号機、三号機、四号機の建屋が爆発し、大量の放射性物質が放出され風に乗って原発から北西の方向に運ばれ、広い地域が放射能に汚染されていたことが明らかになっていった。

発生直後、原発事故について正確な情報がどこまで出ているのかわからなかった。近所のドイツ人家族はあっという間にいなくなり、アメリカ人の知り合いは、米大使館が八〇キロ圏内のアメリカ人を避難させるという方針を出していると教えてくれた。三〇キロ圏内の住民に避難を呼びかけていた日本政府と、外国政府が発信している内容が異なり、どの情報を信じてよいのか、私自身も混乱した。NHKを含め、メディアには大地震や大津波によって全電源が喪失しメルトダウンが起きているのではないかと、早くから推測していた人もかなりいた。しかし、テレビでは政府、原子力安全・保安院、東京電力の会見が時間をさいて生中継され、そのなかでは安全であるとの楽観的な情報が繰り返し伝えられていた。農作物や水道水などからも放射性物質が検出され、不安が広がっていたなかで政府は、「ただちに人体や健康に影響を及ぼす数値ではない」と繰り返していた。ネット上ではそのことについての反論が専門家から刻々と上がっていたが、テレビ報道ではそうした反論に対し、多角的な検証は行われなかった。〈クローズアップ現代〉はどんな姿勢で臨んだのか。とくに原発事故の被害を受けたかもしれない人々に対して、正確な情報を提供するために、キャスターとして事態に向き合えていたのか。二〇一二年の一月、スイスのダボス会議で震災当時の官房長官、枝野幸男さんに「避難区域を最初からもっと広めに設定することは考えなかったのか」と質問したが、彼は「パニックが起きることを考えざるをえなかった」と答えた。経験したことのないレベル七の深刻な原発事故。パニックを恐れた政府、自分たちの報道が混乱を引き起こすことを懸念し、安心安全情報を流すことに傾きがちだったメディア。自分もその一員として緊急事態のなかで目指していたはずの多角的な報道をどう行うべきだったのか、今も悩む。メディアの情報がコントロールされ、一人ひとりが行動していくための多角的な判断材料が提供されていなかったのではないか。いざというときのメディアへの信頼を傷つけてしまったのではないかと危惧する。

東日本の広い範囲が居住できなくなることもありえた原発事故。最悪を想定して人々を守るという「予防原則」の考えと、一方で、パニックを起こさないためには被害想定を抑制的にした報道も必要との考えがメディアには交差していた。政府や当事者の発表を常にチェックする姿勢をあくまで基本にし、情報を視聴者に総合的に提示しつつ、ギリギリの判断をしていくしかないのではないかと思うが、課題は残されたままだ。

ある医師の声

〈クローズアップ現代〉が放送した東日本大震災関連番組で深く印象に残るインタビューがある。震災発生から二〇日後、二〇一一年三月三一日放送の「心の危機　被災者を救え」。南相馬市にある原町中央産婦人科医院の高橋亨平院長へのインタビューだ。南相馬市は三〇キロ圏内にあり、高橋さんの医院も第一原発から約二五キロのところにあった。原発事故の影響による不安が広がるなか、高橋さんは地元に残り、クリニックで診療を続けていた。インタビューはスタジオから電話で行われた。高橋さんの落ち着いた声で淡々と話す声がスタジオに流れる。

津波のときは、皆、お互いに待合室で、助かった、会えた、そういう喜びで湧き上がっていたのですけれど、いま、外来室を見ていると、誰も話をしないですね。みんな、黙りこくって、誰に何も言うこともなく、じっと堪えているといいますか、本当に胸が痛むというか。患者さんが帰るときなど、後ろ姿の肩を見るとわかるのですが、本当に重さがわかる。この地域の場合は、津波だけでなく、もちろん、他と同じように親を亡くした、親族を亡くした、遺体との面識、あるいは葬儀、火葬。避難をするべきか、しないべきか、在宅の選択。短期間にいろんなことが一気に起こってしまったんで、選択肢がないというか、何をどうしたらいいのかわからなくなって。ある日、突然、町が消滅したんです。流通が全部ストップしたためにガソリンがない。店に行ってみたら空っぽだった。そういうなかで人々は、これはこの町には生きていけないな、という恐怖を感じたと思うんです。何を頼んでもどこも持ってきてくれないんですね。陸の孤島というか、ここには寄り付かない人ばかりで、いかにもここに入ることが危険で、ここから出る人は汚染されていて、そういう扱いを露骨に受ける。そういうなかで、一生懸命、必死になって、頑張ってきたと思う。NHKでちらっと私の姿を見た人たちが、あぁ先生がいるならと戻ってきてくれたり、そういうのがものすごい心のケアになったかな、と思うんです。本当に皆、黙ってるんです、いろんな問題を抱えながら黙っているんです。そのとき、スウィッチを入れると、バーストというか、爆発したみたいに泣き出してくる。フラッシュバックなんですね。それを聞いてあげながら、それからまた、先生いてくれてよかったと抱きついてくる患者さんとかね。単純な災害ではない、経験したことのない大きな問題を抱えてる。人類に残る災害で、経験したことのない、いろんなことを味わっているんですよね。ですからそれに対する心のケアも単純ではなくて、様々なケア、一番最初はやはりフェイス・トゥ・フェイス、顔と顔を突き合わせた情報の交換から入っていくのが一番かなと思いますね。

映像を伴わない声だけのインタビューが、被災地の置かれている厳しい現実をくっきりと浮かび上がらせた。私は途中、一言も質問をせずに、ただ聞き入っていた。あれほど切実で説得力のある声を聞いた経験はこれまでにない。

高橋さんは、このインタビューから数カ月後、末期がんと診断されたが、その後も南相馬市にとどまり診療を続けた。二〇一三年一月、七四歳で亡くなられた。

伝え続けること

原発事故が社会に問いかけたものは何か。事故が被災者にもたらした影響を〈クローズアップ現代〉は福島県浪江町の人々を追い続けることで見つめてきた。浪江町は、町全体が避難指示区域に指定され、放射線量が高い帰還困難区域が町の面積の八割に上る。全国各地にバラバラに避難した町民を束ね励まそうと町は「みんなで町に戻る」というビジョンを掲げていた。
〈クローズアップ現代〉は東日本大震災の前年、二〇一〇年九月二八日放送の「うまい安い珍しい〝B級グルメ〟が町を救う！？」で浪江町の次世代のリーダーたち、商工会議所青年部のメンバーによる「なみえ焼そば」の活動を放送していた。〈クローズアップ現代〉は、そのとき取材した人々を軸に、大震災直後から浪江町民が直面した苦悩に継続して向き合うことにした。
二〇一一年四月七日「町を失いたくない〜福島・浪江町　原発事故の避難者たち」
二〇一一年五月一一日「故郷はどうなるのか〜福島・浪江町　原発事故に直面する人々」
二〇一一年九月七日「町をどう存続させるか〜岐路に立つ原発避難者たち」
二〇一二年九月一一日「原発避難解除はいつ　苦悩する町と住民」
二〇一四年二月二六日「よりどころはどこに？〜原発避難から三年・浪江町の選択」
二〇一六年三月八日「シリーズ東日本大震災　浪江町民　それぞれの選択」
町は七割の人々が町に戻ることを目標にしてきたが、大震災から五年たち、「戻る」と答えた人は一七・八％にとどまり、四八％が「戻らない」としていた。
番組が追い続けてきた中心人物の一人が、鉄工所を営み「なみえ焼そば」の活動を続けてきた八島貞之さんだ。トレードマークは焼きそばの活動のときに身に着けるナポレオンを思い起こさせるコスチューム。二〇一一年五月、福島からの放送で、八島さんに出演していただいた。背が高くがっしりとした体格の八島さんは、打ち合わせを始めてすぐに言葉を失い、ぽろぽろと涙を流して、しばらくの間泣いていた。その姿が忘れられない。両親と家族との平穏な生活、生活の糧である事業所そしてコミュニティーも破壊された八島さん。それでも浪江に帰れることを固く信じていたように記憶している。

その後の継続取材で記録されているのは、八島さんが家業の鉄工事業を継続するため家族と離れ一人暮らしをしている姿だ。そして、焼きそば活動を一緒に続けてきた仲間に、活動はもう無理、休みたいと話す。八島さんの話に仲間の一人も、自分が住まない町の町おこしをするわけだし、と同じ思いをうち明ける。町に帰れることを願って続けてきた「なみえ焼そば」の活動。彼らの言葉が重く響いた。積み重ねたリポートを観たゲストの山田洋次監督は、「寄り添えるようなものじゃないけれど、僕たち、原発事故、放射能汚染で苦しむ人々の生活のディテールにいたるまで一生懸命に想像することが出来るか問われている」と投げかけた。

変わりゆく時代はスピードを加速させているように感じる。それだからこそ家族や仲間、そして故郷への深い想いを胸に、先の見えない日々を送る福島の人々をこれからも伝え続けることは、メディアの大切な役割ではないだろうか。

終章
クローズアップ現代の23年を終えて

最終回を終えて．柳田邦男さんと制作者たちと

新しいテーマとの出会い

〈クローズアップ現代〉では、本当に様々なテーマを扱ってきた。なかでもここ数年、私のとても気になるテーマが、女性と仕事、女性がより活躍できる社会をつくりだすには、どうしたらいいのか、という課題だった。

この二〇年で国民の平均所得は一二〇万円減り、サラリーマンが安定した仕事ではなくなり、かつては大半を占めた片働き世帯を二〇年ほど前に共働き世帯が追い越し、女性が働くのが当たり前の時代になった。しかしその一方で、バブルのころ、女性の正規雇用の比率は七〇%、〈クローズアップ現代〉がスタートした二〇年前でも六〇%あったのが、現在ではおよそ四〇%にまで減ってしまっている現実がある。女性の活躍が叫ばれているが、女性をとりまく状況は賃金の低い非正規雇用が増えるなど、かえって厳しくなっているのだ。

〈クローズアップ現代〉が放送されていた時代、雇用は不安定化し、中間層の縮小、少子高齢化が進み、日本企業の競争力も相対的に低下、ブレークスルー的なイノベーションによる新しい産業もなかなか生まれず、閉塞感が長い間、漂っていた。私も、暗い気分で放送に向き合っていたことが多かった。

その気分を変えるきっかけになったのは、二〇一〇年、新宿で開かれていた国際的な女性会議だった。会場は、世界各国から女性の政治家、経営者、官僚の方々が何百人と集まって議論を戦わせ、熱気があふれていた。「女性が活躍している企業のほうが競争力がある」「ダイバーシティー(多様性)がある組織のほうがイノベーションが生まれる」「女性が経営する会社は女性だけでなく男性にとっても働きやすい環境をつくりだす」。圧倒される思いで聞いていた。こういう動きは、それまで番組で取り上げておらず、発言の一つひとつが私には新鮮で前向きであり、目から何枚もウロコが落ちる思いだった。

なぜこのような女性たちのムーブメントが〈クローズアップ現代〉のレーダーに入ってこなかったのか。それは実は簡単なことだった。番組制作の現場に女性が少なかったからなのだ。〈クローズアップ現代〉の制作現場は、圧倒的な男性社会。決定権のあるポジションには女性がおらず、女性の目線、女性の提案が反映されにくい場になっていた。

一方、私も自分自身のことで精一杯。キャスターとして認められたいという強い気持ちもあって、制作陣の求めるスケジュールに合わせて会議や打ち合わせに出席し、早朝、深夜の収録にも何も言わずに求められるままに働いていた。報道という男性中心の組織に合わせる働き方に、私は疑問を抱くことがなかった。そんなとき、ＮＨＫから外に一歩踏み出てみたら、問題意識を共有する女性たちが大勢いて、大議論をしていたのだ。ここから私にとって新しいつながりが生まれた。自分たちで問題提起をしていかなければと目が覚め、女性たちとのつながりや、ＡＰＥＣの女性会議、スイスのダボス会議などで学んだことを番組のテーマとして、女性ディレクターやチーフプロデューサーたちを巻き込んで番組を提案し、放送につなげていった。

そこから生まれたのが二〇一一年最初の番組、一月一一日放送の「ウーマノミクスが日本を変える」と題した七三分の〈クローズアップ現代〉のスペシャル版だった。

二〇一二年には、「社会を変える女性の起業」「密着、女性起業家一〇〇〇万円コンペ」。そして何より特筆したいのが、再び七三分に放送時間を拡大した二〇一二年一〇月一七日放送の「女性が日本を救う？」という番組だ。この番組にはＩＭＦのラガルド専務理事が出演、作成したばかりの日本に向けたＩＭＦリポート「女性は日本を救えるか？」を自ら紹介し、女性たちの潜在的能力を引き出せば、日本の一人当たりのＧＤＰを現在より四〜五％伸ばせると具体的に数値をあげて、女性の社会参加が日本の成長の鍵を握ると力強く語った。

〈クローズアップ現代〉のキャスターを続け、それぞれの番組で課題解決の方向性を議論するなかで、それぞれの課題がお互いに深くつながっている、根っこのところでつながっていることをたびたび感じるようになってきた。一つの課題の解決が新たな課題を生み出すということがしばしばあった。

そういう思いが深まっていくなか、二〇一五年九月、創設七〇年を迎えた国連総会へ取材に行き、その総会で全加盟国によって採択されたＳＤＧｓ（持続可能な開発目標 Sustainable Development Goals）２０３０アジェンダに出会った。これは一七の目標と一六九のターゲットからなり、「誰一人取り残さない」を合言葉に、経済、社会、環境をめぐる幅広い課題に、統合的、包括的に全世界で取り組むことを決めたものだ。課題に個別に対応していくのではなく、それぞれの課題がつながっていることを重視して、それぞれの課題解決が他の課題解決にもなるよう統合的に進めていこうという、壮大で、今後の世界のあり方を決定していく重要な取り組みなのだ。

国連がこのＳＤＧｓを提起し、加盟国全体が採択した背景には、大きな課題が三つ存在していた。一つは、国連が中心となって二〇一五年を目指して二〇〇〇年に採択された貧困や飢餓の撲滅などのミレニアム開発目標に未達成のものが多く、その取り組みを継続する必要があること。二つめは、鳥インフルエンザやエボラ出血熱のようなパンデミック現象への対応や、国際テロリズムの多発など、新たな世界的課題への対応が迫られていることだ。

しかし、このSDGsが登場した背景にある最大の課題は、地球が持っている人類の生命維持機能が限界にきているという認識、このままでは地球というシステムが崩壊してしまうという危機感なのだ。それは例えば地球温暖化の急速な進み具合に典型的に現れているように、いまや人類が自らの活動によって、自らの存続の基盤である地球環境を損ないつつあるという現実から生まれた危機感だった。私は新鮮な衝撃を受けた。

SDGs達成への取り組みは、ライフスタイルの変革や、ビジネスのあり方、地域づくりのあり方など、あらゆる分野に大きな影響を及ぼしてくると言われている。国連ではかなり前からこのSDGsの内容をどうするか議論され準備されてきたのだが、私自身がこのことに気がついたのは二〇一五年九月の国連総会へ向けての取材のときだった。

二〇一五年九月二九日放送の「国連七〇年②〜誰も置き去りにしない世界を目指して」。この放送では、SDGs2030アジェンダ策定の中心人物の一人、当時、国連事務総長特別顧問だったアミーナ・モハメッドさんにインタビューをしている。モハメッドさんから聞いた言葉は、これから長い間、私の記憶に残るものになるだろう。

「地球は私たち人間なしでも存続できますが、私たちは地球なしでは存続できません。先に消えるのは私たちなのです」

世界は急速に動いている。女性の社会参加の急速な進展、このままでは地球は人間の生活を維持させることができなくなるという危機感の広がり。〈クローズアップ現代〉では、かろうじてその動きの一端を伝えることができた。そして、そのおかげで私自身も、この新しい動きに目を開くことができ、自らのこれからの課題となった。

年末の降板言い渡し

二〇一五年の暮れも押し詰まった一二月二六日、〈クローズアップ現代〉を管轄する組織の責任者から、番組のキャスターとしての契約を二〇一六年度は更新しないことが決定された旨、伝えられた。私は、〈クローズアップ現代〉のキャスターを一年ないし三年ごとのNHKとの出演者契約で務めており、それまでは毎年、一二月の末に翌年度の契約更新を告げられて、二三年間キャスターを担当していた。NHKから契約更新をしないと言われれば、それで私の〈クローズアップ現代〉でのキャスター生活は終わりになる。

契約を更新しない理由は、すでに決まっていた編成見直しにより、〈クローズアップ現代〉が夜一〇時からの放送になるのに伴って番組をリニューアルし、合わせてキャスターも一新するため、とのことだった。私は、ここ数年、日々急速に課題が多様化し、課題解決を求められる時間的余裕もこれまでよりなくなってきたと実感していた。以前より読む資料も増え、これまで以上に多角的な視点、より深い分析を視聴者から求められていると思っていた。二三年という長い間、番組に関わってきて、次第に慣れて楽になるどころか、逆に仕事が大変になり、心身ともにきつくなってきていた。このため体力や健康上の理由などで、いつか自分から辞めることを申し出ることになるだろうとは思っていた。だが、そうなる前に辞めることになったのだった。

ただ、その理由が、番組のリニューアルに伴い、ということになるとは想像もしなかった。ここ一、二年の〈クローズアップ現代〉のいくつかが浮かんできた。ケネディ大使へのインタビュー、菅官房長官へのインタビュー、沖縄の基地番組、「出家詐欺」報道。

私が降板を言い渡される一カ月前の一一月に、制作現場は二〇一六年度もキャスターは継続との提案をしていた。そして、一緒に番組を制作してきたプロデューサーたちは、上層部からのキャスター交代の指示に対して、夜一〇時からの放送になっても、番組内容のリニューアルをしても、キャスターは替えずにいきたいと最後まで主張したと、あとで耳にした。それを聞いて私は、キャスターをこれまで二三年間続けてきて、本当によかったと思った。そしてその思いが二〇一六年三月の最終回の日まで私を支えた。

最後の挨拶

三月一四日「女性たちの戦争～知られざる性暴力の実態」ゲスト　ザイナブ・ハワ・バングーラ　国連事務総長特別代表。
三月一五日「仕事のない世界がやってくる⁉」ゲスト　廣井良典　千葉大学教授
三月一六日「テロ拡散時代～世界はどう向き合うか」ゲスト　池内恵　東京大学准教授
三月一七日「痛みを越えて～若者たち　未来への風」ゲスト　柳田邦男　作家

二〇一六年三月一四日からの〈クローズアップ現代〉、私のキャスターとしての最後の一週間の番組オーダーだ。この二三年間、〈クローズアップ現代〉がやってきたこと、やろうとしてきたことを象徴するように思える内容、そしてゲストの方々だった。制作者たちの熱い思いが私には見えた。

二〇一六年三月一七日、三七八四本目の〈クローズアップ現代〉「痛みを越えて〜若者たち未来への風」。最後の前説。

大きな時代のうねりのなかで当たり前だったことがそうでなくなり、失われた一〇年がいつの間にか二〇年になっていきました。グローバル化が急速に進み、激しい価格競争のなかでコスト意識を強めざるをえなくなった企業は、人を減らし柔軟に人件費を調整できる非正規雇用を拡大していったのです。

大人たちが信じていたことが変わっていった時代。日本の経済成長が下降に転じてから生まれ育った世代は、失われた二〇年という実感そのものも乏しいと見られています。内閣府が一三歳から二九歳を対象に行った調査で、「将来について明るい希望」があると答えた若者の割合は日本が最下位。内向きで政治に無関心、社会に傷つけられても自己責任と自分を責めがちな世代と見られがちですが、一方でごらんのように別の内閣府の調査で二十代の半数近くが自分の生活の充実より国や社会のことにもっと目を向けるべきだと考えています。社会に貢献することで充足感を得たいという若者が増えていることを示しています。

とはいっても激しい競争、管理の強化、横並びに従わざるをえない同調圧力といったプレッシャーによって、けっして声を上げたり行動がしやすいとは言えない社会。今夜はそうしたなかで自ら声を上げ、痛みを乗り越えていくために行動を始めた姿を通して若者たちの志を見つめます。

〈クローズアップ現代〉最終回のテーマをどうするのか。担当者たちは二カ月近く前から話し合いを重ね、私にも意見を求めていた。じっくりと一人の方にインタビューするのか、その場合、その人は誰か。それとも特に最後を意識せずに、自然体で最終回を迎えるのか。担当者たちが真剣に番組への想いをこめて繰り返し議論していることが、私は素直にうれしかった。「最終回だからと取り立てて特別なことは考えないでほしい、いつものように放送をして終わりたい」と言いつつも、出来たら「良い言葉」を伝えたいと私は思っていた。しかし、担当者たちの議論には深く関わらなかった。もし何を最後にと私自身が考えだしたら、まだまだ多くのことを伝えなくてはならないと、番組を離れがたくなったかもしれない。

しかし、心の中では思っていた。番組を担当した四半世紀近くの間に、何が一番変化したのか。それは経済が最優先になり、人がコストを減らす対象とされるようになったこと。そして、一人ひとりが社会の動きに翻弄されやすく、自分が望む人生を歩めないかもしれないという不安を早くから抱き、自らの存在を弱く小さな存在と捉えるようになってしまったのではないかと思っていた。組織、社会に抗って生きることは厳しい。コンプライアンス（法令順守）、リスク管理の強化。番組でも、企業の不祥事が起きると、それらの重要さを強調してきただけに、ここで書くことにいささかの後ろめたさも感じるが、一人ひとりの個性が大切だと言いながら、組織の管理強化によって、社会全体に「不寛容な空気」が浸透していったのではないだろうか。〈クローズアップ現代〉がスタートしたころと比べて、テレビ報道に対しても不寛容な空気がじわじわと浸透するのをはっきりと感じていた。

最後の前日試写。最終回で放送されるVTRリポートには、番組がスタートしたちょうどそのころ生まれた若者たちが、何人も主役として登場していた。資料をあらかじめ読み、それぞれの活動について知ってはいたが、実際に映像に捉えられていた一人ひとりを見て心が躍った。番組は、社会問題について自分たちで考え、自分の思いを発信し、行動する若者たちが増えているという内容で、新しいうねりが感じられた。地域の課題に取り組む団体、個人に資金が回るよう新しい金融の仕組みを作ったNPOバンク、ブラック企業の実態を明らかにし若者の相談に応じているNPO。おかしいと感じることについて声を上げ、社会問題に向き合う姿勢を鮮明にだした若者たちを見て私は、これを全国に伝えられたら「自分も動こう」という人たちの背中を押せるのではないかという気持ちになった。自分で考え、つながり、動く。「暗いつぶやき」から希望が生まれる。〈クローズアップ現代〉らしい終わり方になると思えた。

危機的な日本の中で生きる若者たちに八か条

最終回のゲストとなった柳田邦男さんは、前日から伝えたいメッセージを考え、放送当日の午後三時過ぎに、四枚の手書きのファックスを送ってこられた。そのなかに、「危機的な日本の中で生きる若者たちに八か条」が書かれていた。番組では四か条として紹介したが、とても大切なことに思われたので、原文の八か条を私は手元に残した。柳田さんの許可を得て、ここで全八か条を伝えたいと思う。

一　自分で考える習慣をつける。立ち止まって考える時間を持つ。感情に流されずに論理的に考える力をつける。
二　政治問題、社会問題に関する情報（報道）の根底にある問題を読み解く力をつける。
三　他者の心情や考えを理解するように努める。

四　多様な考えがあることを知る。

五　適切な表現を身につける。自分の考えを他者に正確に理解してもらう努力。

六　小さなことでも自分から行動を起こし、いろいろな人と会うことが自分の内面を耕し、人生を豊かにする最善の道であることを心得、実践する。特にボランティア活動など、他者のためになることを実践する。社会の隠された底辺の現実が見えてくる。

七　現場、現物、現人間（経験者、関係者）こそ自分の思考力を活性化する最高の教科書であることを胸に刻み、自分の足でそれらにアクセスすることを心掛ける。

八　失敗や壁にぶつかって失望しても絶望することもなく、自分の考えを大切にして地道に行動を続ける。

そして、付記されたメモにはこう書いてあった。

「三〇〇〇回にも及ぶその努力の積み重ねは、報道機関としての社会的知の集積であり、知的財産だと思います。それは、情報の根底にある問題をどう読み解き、どう主体的に考え、どう表現していくかという課題へのチャレンジの仕方の一つのモデルだと言えると思います」

最後の番組のＶＴＲリポートは一本だけの一四分三八秒。リポートが放送された後、柳田さんと私の対談。この日、私の質問に対する柳田さんの答えはいつもより短めで、私は答えを聞きながら次々に浮かんできた質問をとても自然に投げかけることが出来た。最後の放送だということをあまり意識せず、素晴らしいメッセージを柳田さんと発信できていることを誇らしく感じながら番組を終えることが出来た。そして視聴者への最後の挨拶となった。

二三年間担当してきた番組も今夜で最後になりました。この間、視聴者の皆様からはお叱りや戒めもふくめ、大変多くの励ましをいただきました。〈クローズアップ現代〉が始まった平成五年からの月日をふりかえりますと、国内外の激しい変化の底に流れているものや、静かに吹き始めている「新しい風」を捉えようと日々もがきながら、複雑化し見えにくくなっている現代に少しでも迫ることが出来ればとの想いで番組に携わってきました。二三年間を終えた今、そのことをどこまで視聴者の皆様にお伝えすることが出来ていたのか気がかりではありますが、そういうなかでも長い間続けることが出来ましたのも番組にご協力していただいた多くのゲストの方々、そして何より番組を観ていただいた視聴者の皆様のおかげだと感謝しています。長い間本当にありがとうございました。

終わった。モニターを確かめてから、柳田さん、スタジオのスタッフにお礼を言った。そして、いつものようにスタジオの扉が開く気配を感じた。

再びハルバースタムの警告を

第1章で書いたように、私が初めてインタビューした日本の政治家は自民党を飛び出した羽田孜氏だった。生放送で何を聞くのか、制約を受けるどころか、担当していたプロデューサーたちからは踏み込んだ質問の提案がなされ、NHKの政治に関わる番組はもう少し窮屈という私が抱いていたイメージは破られた。

それから二〇年以上が経ち、この二、三年、報道番組のなかでの公平公正とは何か、と考える局面が多くなった。放送法では、意見が対立している問題については、できるだけ多くの角度から論点を明らかにすること、とある。また、政治的に公平であること、ともある。NHKは従来一つの番組のなかでバランスをとる、公平を担保するというのではなく、番組の編成全体のなかで公平性を確保する、としてきた。個々のニュースや番組のなかで異なる見解を常に並列的に提示するのではなく、NHKの放送全体で多角的な意見を視聴者に伝えていく、というスタンスだった。

私は長い間、かなり自由にインタビューやコメントが出来ていたように感じる。気をつけていたのは、視聴者に対してフェアであるために、問題を提起するとき、誰の立場にたって状況を見ているのか、自分の立ち位置を明確に示すようにしていたことだ。例えば、沖縄の基地問題を沖縄に行って取り上げるとき、基地負担を過重に背負っている沖縄の人々の目線で取り上げていることをはっきりと伝えていた。基地問題をめぐっては、定時のニュースなどで政府の方針をたびたび伝えていれば、逆に〈クローズアップ現代〉で沖縄の人々の声を重点的に取り上げたとしても、公平公正を逸脱しているという指摘はNHK内からは聞こえてこなかった。NHKが取るべき公平公正な姿勢とはそういうものだと、長い間、私は理解し、仕事をしてきていた。

ここ二、三年、自分が理解していたニュースや報道番組での公平公正のあり方に対して今までとは異なる風が吹いてきていることを感じた。その風を受けてNHK内の空気にも変化が起きてきたように思う。例えば社会的にも大きな議論を呼んだ特定秘密保護法案については番組で取り上げることが出来なかった。また、戦後の安全保障政策の大転換と言われ、二〇一五年の国会で最大の争点となり、国民の間でも大きな論議を呼んだ安全保障関連法案については、参議院を通過した後にわずか一度取り上げるにとどまった。
最終回の放送が終わった後、メディアの取材要請に答える形でこうコメントした。

二三年前に〈クローズアップ現代〉という番組に出会って以来、見えないゴールに向かって走り続けてきたように思えます。時代が大きく変化しつづけるなかで、物事を伝えることが次第に難しくなってきましたが、今日という日を迎えて、自分の人生に大きな区切りをつけることが出来たとの想いです。番組を通して出会った人々から得られた多くのことを今後に活かしていきたいと思っています。

経済格差などで社会が分断され、加えて財政難と低成長にも直面するなか、一つの問題の解決がまた別の問題を生みだすなど、課題が互いに絡み合い、課題解決に向けた合意形成はますます難しくなっている。そういう状況だからこそ、考える材料や議論を促す、いわば「情報のプラットフォーム」を提供する報道番組はより一層必要だと思う。閉塞感があふれる社会のなかで合意形成を促し、議論の場を提供してきたことに〈クローズアップ現代〉の存在意義もあった。

ハルバースタムが二三年前に警告した、テレビのエンターテインメント化。アメリカでは新聞、テレビで記者や編集者の数が大幅に減らされ、時間や経費が必要とされる調査報道が大幅に減っていると聞く。日本でもそうした傾向が今後起きないとも言えない。時代に個人が翻弄されるなかで、一人ひとりが将来を考え、自分の生き方を選択していくためにも、長期的で多角的な情報を得て、自分の置かれた立場を俯瞰することが必要になっている。その必要に応えていくことが、テレビの報道番組にいま求められている。いまこそ改めて、二三年前のハルバースタムの警告をかみしめるときではないだろうか。

あとがき

二三年間続けた〈クローズアップ現代〉のキャスターを降りた二〇一六年、この年の言葉として英オックスフォード辞典は「post-truth」を選んだ。「ポスト真実」「脱真理」などと訳されているが、この言葉は客観的な事実や真実より感情的な訴えかけのほうが人々に影響を与え、世論形成に大きなインパクトをもたらす状況を示している。イギリスのＥＵ（ヨーロッパ連合）からの離脱を決めた国民投票や、トランプ氏が共和党の大統領候補に選ばれたころから盛んに使われるようになったという。上辺だけの言葉やニセの情報が氾濫し、論理の飛躍は大目に見られて乱暴な言葉ばかりが跋扈するなか、事実や真実を伝えようとするメディアの影響力は低下している。根拠が定かでなくても感情的に寄り添いやすい情報に向かって社会が流れていくとしたら、事実を踏まえて人々が判断するという民主主義の前提が脅かされることにもなる。

インターネットで情報を得る人々が増えているが、感情的に共感しやすいものだけに接する傾向が見られ、結果として異なる意見を幅広く知る機会が失われている。そして、異質なものに触れる機会が減ることで、全体を俯瞰したり物事の後ろに隠されている事実に気づきにくく、また社会の分断が進みやすくなってもいる。

言葉の持つ力を信じて、私は事象の持つ豊かさ、深さそして全体像を俯瞰して伝えることにこだわりながら報道番組に携わってきた。それだけに、真実ではない情報や言葉が事実よりも現実的な力を持つようになったことに衝撃を受けると同時に強い懸念を覚える。

アメリカの新しい大統領トランプ氏も、まるでメディアは余計なフィルターと言わんばかりにツイッターを使って人々に向け直接に情報発信をしている。しかし、事実を伝え、権力を監視するジャーナリズムの役割は post-truth の世界が広がる今こそ重要性が高まっている。伝えられる情報のなかに事実ではないものが多くなっているとすれば、人々の生活に大きな影響を及ぼしかねない決断をする立場にある人間に対して、その人間から発せられた言葉の真意、言葉の根拠を丁寧に確かめなくてはならない。選択された政策や経営戦略などを検証するために、「問うべきことを問う」ことがますます求められていくのではないだろうか。ジャーナリズムがその姿勢を貫くことが、民主主義を脅かす post-truth の世界を覆すことにつながっていくと信じたい。

番組が始まった頃、私はキャスターとして認められたくて無我夢中だった。一週間分の資料をあらかじめ読み込んで試写に臨み、番組の担当者と議論し視聴者に伝える。この放送までの過程をほとんど変えることなく繰り返してきた。同じ軌道を回り続けているように感じていたが、立ち止まって振り返ってみれば、長い螺旋階段を上り、いつの間にか時代もＮＨＫも私もずいぶん遠くまで来てしまったように感じる。

番組を離れて半年経った頃、最終回の翌日に開いていただいた送別会の席上で紹介された番組ゲストの方々のＶＴＲメッセージに私はもう一度耳を傾けた。糸井重里さん、内橋克人さん、是枝裕和さん、重松清さん、立花隆さん、山口義行さん、柳田邦男さん。皆さんが語る〈クローズアップ現代〉、打ち合わせ室やスタジオでの私とのやりとりの思い出。さらに長い間番組を観てくださった視聴者の方からの手紙の数々もゆっくりと読み返した。そして、ゲストの方や視聴者の方の言葉に触発されるようにして、私は二三年の体験を思い返し、〈クローズアップ現代〉に自分なりの区切りをつけたいと思うようになった。

〈クローズアップ現代〉との出会いと別れ。キャスターの仕事とは何だろうと悩んだ日々。多くのゲストの方々との充実した時間、記憶に残るインタビュー。試写の場での番組担当者たちの真剣な眼差し。そして報道番組が抱える難しさと危うさ。それがこの本となった。

〈クローズアップ現代〉は、海外取材などで私が休んだときに代わってキャスターを担当していただいたものも入れると三七八四本を数える。番組を収録したＤＶＤを見て、たくさんの段ボール箱いっぱいに詰まった資料を読み返し、さらに当時の担当者にも時間を割いていただいて話を聞いた。記憶違いがないように確かめたつもりだが、それでも多少はあるかもしれないことはお許しいただきたい。

　書きながら強く感じたのは、二三年間の番組を一冊の本で振り返ることの限界だ。この本でタイトルを挙げて触れることが出来た番組は三七八四本のうちのわずか八〇本程度に過ぎない。視聴者の関心が極めて高かったオウム真理教事件関連番組。スタジオで模型や新しい撮影技術を駆使して取り上げた気象、バイオサイエンス、宇宙などについての多彩な科学番組。野球、サッカー、相撲、ゴルフからオリンピックまで多くのスポーツ番組。介護保険や地域医療など様々な社会保障をテーマにした番組。広島、長崎への原爆投下の被害や多くの戦争関連番組。これらを含め全く触れることが出来なかったテーマは数多く、申し訳ない気持ちがする。またインタビューについても、この本では強い緊張感のもとで行われたインタビューに多くを割くことになり、視聴者の心も動かしたであろう素晴らしい言葉との出会いについては、ほとんど触れることができなかったことも残念に思う。

あらためて思うのは、〈クローズアップ現代〉は、ディレクター、記者、カメラマン、映像編集、音響効果、そしてスタジオカメラや照明、音声など、NHKのなかで育った優れた人々の強力なパワーによって作り続けられてきたということだ。全体試写での議論を経て、担当者のこだわりや番組で伝えたいメッセージを皆で共有し、放送に向けてそれぞれが同じ方向を目指して走り、番組の完成度が次第に高まっていく。その気配が私はたまらなく好きだった。

インタビュー相手に気後れを感じたり、テーマが難しく乗り切れるだろうかと心配する日も少なくなかったが、私はそうした経験を重ねることでキャスターとして育てられていった。二三年もの間、私にその得がたい機会を与え続けてくれたNHKに深く感謝している。また、出演していただいた多彩なゲストの方々から物事を捉える視点の大切さについて学ぶことが多く、生放送に向けて番組を作り上げていく貴重な時間をともに過ごしたことは忘れがたい。

そして、何よりありがたかったのは、長い間、番組を視聴し続け、厳しいご指摘やあたたかい励ましをくださった本当に多くの視聴者の存在だ。番組を支えてくださった視聴者の皆様にはこの場を借りてあらためて感謝の気持ちをお伝えしたい。

二三年間を振り返る本などやはり書くことは無理だと途中で何度も立ち止まったが、番組を降りた直後に書いた「世界」二〇一六年五月号での文章を軸にし、これまで折に触れて話したり書いたりしたことも取り込みながら、ようやく最後までたどりつくことができた。
〈クローズアップ現代〉の編集責任者を長く務めた石黒一郎さんには数々の貴重な助言や指摘をいただきこの場でお礼を申し上げたい。また「世界」での文章を担当されて新書化を勧めてくださった岩波書店の熊谷伸一郎さん、そして永沼浩一新書編集長には様々な至らぬ点のご指摘とともに穏やかに見守ってくださったことに心から感謝している。

二〇一七年一月

国谷裕子

国谷裕子

大阪府生まれ．1979年，米国ブラウン大学卒業．1981年，NHK総合〈7時のニュース〉英語放送の翻訳・アナウンスを担当．1987年からキャスターとしてNHK・BS〈ワールドニュース〉，〈世界を読む〉などの番組を担当．1993年から2016年までNHK総合〈クローズアップ現代〉のキャスターを務める．1998年放送ウーマン賞'97，2002年菊池寛賞(国谷裕子と「クローズアップ現代」制作スタッフ)，2011年日本記者クラブ賞，2016年ギャラクシー賞特別賞を受賞．

キャスターという仕事　　岩波新書(新赤版)1636

2017年1月20日　第1刷発行
2024年3月5日　第6刷発行

著　者　国谷裕子《くにやひろこ》

発行者　坂本政謙

発行所　株式会社 岩波書店
〒101-8002 東京都千代田区一ツ橋2-5-5
案内 03-5210-4000　営業部 03-5210-4111
https://www.iwanami.co.jp/

新書編集部 03-5210-4054
https://www.iwanami.co.jp/sin/

印刷製本・法令印刷　カバー・半七印刷

ISBN 978-4-00-431636-7　　Printed in Japan

岩波新書新赤版一〇〇〇点に際して

ひとつの時代が終わったと言われて久しい。だが、その先にいかなる時代を展望するのか、私たちはその輪郭すら描きえていない。二〇世紀から持ち越した課題の多くは、未だ解決の緒を見つけることのできないままであり、二一世紀が新たに招きよせた問題も少なくない。グローバル資本主義の浸透、憎悪の連鎖、暴力の応酬――世界は混沌として深い不安の只中にある。

現代社会においては変化が常態となり、速さと新しさに絶対的な価値が与えられた。消費社会の深化と情報技術の革命は、種々の境界を無くし、人々の生活やコミュニケーションの様式を根底から変容させてきた。ライフスタイルは多様化し、一面では個人の生き方をそれぞれが選びとる時代が始まっている。同時に、新たな格差が生まれ、様々な次元での亀裂や分断が深まっている。社会や歴史に対する意識が揺らぎ、普遍的な理念に対する根本的な懐疑や、現実を変えることへの無力感がひそかに根を張りつつある。そして生きることに誰もが困難を覚える時代が到来している。

しかし、日常生活のそれぞれの場で、自由と民主主義を獲得し実践することを通じて、私たち自身がそうした閉塞を乗り超え、希望の時代の幕開けを告げてゆくことは不可能ではあるまい。そのために、いま求められていること――それは、個と個の間で開かれた対話を積み重ねながら、人間らしく生きることの条件について一人ひとりが粘り強く思考することではないか。その営みの糧となるものが、教養に外ならないと私たちは考える。歴史とは何か、よく生きるとはいかなることか、世界そして人間はどこへ向かうべきなのか――こうした根源的な問いとの格闘が、文化と知の厚みを作り出し、個人と社会を支える基盤としての教養となった。まさにそのような教養への道案内こそ、岩波新書が創刊以来、追求してきたことである。

岩波新書は、日中戦争下の一九三八年一一月に赤版として創刊された。創刊の辞は、道義の精神に則らない日本の行動を憂慮し、批判的精神と良心的行動の欠如を戒めつつ、現代人の現代的教養を刊行の目的とする、と謳っている。以後、青版、黄版、新赤版と装いを改めながら、合計二五〇〇点余りを世に問うてきた。そして、いままた新赤版が一〇〇〇点を迎えたのを機に、人間の理性と良心への信頼を再確認し、それに裏打ちされた文化を培っていく決意を込めて、新しい装丁のもとに再出発したいと思う。一冊一冊から吹き出す新風が一人でも多くの読者の許に届くこと、そして希望ある時代への想像力を豊かにかき立てることを切に願う。

（二〇〇六年四月）